Verständliche Wissenschaft

Fünfunddreißigster Band

Sichtbares und unsichtbares Licht

Von

Eduard Rüchardt

Berlin · Verlag von Julius Springer · 1938

Sichtbares und unsichtbares Licht

Von

Dr. Eduard Rüchardt

Professor für Physik
an der Universität München

1. bis 5. Tausend

Mit 135 Abbildungen

Berlin · Verlag von Julius Springer · 1938

ISBN 978-3-642-98283-5   ISBN 978-3-642-99094-6 (eBook)
DOI 10.1007/978-3-642-99094-6

Inhaltsverzeichnis.

V

Quellenangabe der Abbildungen.

Folgende Abbildungen des Buches sind anderen Werken oder
Zeitschriften entnommen:

Abb. 1, 6, 33, 34, 75 aus R. W. Pohl, Einführung in die Mechanik und
Akustik, 2. Aufl. Julius Springer, Berlin 1931.

Abb. 16, 49, 56 aus R. W. Wood, Physical Optics. Mc. Millan Comp., New
York.

Abb. 31, 32, 44, 45 aus Arkadiew, Physik. ZS. Bd. 14, 1913. Hirzel, Leipzig.

Abb. 38, 59 aus Grimsehl-Tomaschek, Lehrbuch der Physik. Teubner,
Leipzig-Berlin.

Abb. 40 Aufnahme von Regener nach einem Diapositiv des Physikal. Inst.
d. Universität München.

Abb. 47 aus J. Zenneck, ZS. f. techn. Physik Bd. 10, 1929. J. A. Barth,
Leipzig.

Abb. 72, 73 aus Dr. M. Hase, Glastechnische Berichte. Deutsche Glastechn.
Ges. E. V., Frankfurt a. M.

Abb. 74 aus G. Schmaltz, Oberflächenkunde. Julius Springer, Berlin 1937.

Abb. 84 aus O. D. Chwolson, Lehrbuch d. Physik. Vieweg, Braunschweig.

Abb. 85 aus E. v. Angerer, Naturwissenschaften Bd. 18, 1930. Julius
Springer, Berlin.

Abb. 86, 88, 89 aus Dr. Othmar Helwich, Die Infrarot-Fotografie und ihre
Anwendungsgebiete. Verlag Dr. Walther Heering, Harzburg 1937.

Abb. 87 aus Mecke, Naturwissenschaften Bd. 25, 1937. Julius Springer, Berlin.

Abb. 90 aus Drevermann, Senckenbergische Naturforschende Gesellschaft
,,Natur und Museum" 1927. Frankfurt a. M.

Abb. 92, 93 aus W. Gerlach, Metallwirtschaft Bd. 16, 1937. N.E.M. Verlag, Berlin.

Abb. 96 aus Newcomb, Astronomie für Jedermann. Gustav Fischer, Jena.

Abb. 98 aus H. Billing, Ann. d. Physik Bd. 32, 1938. J. A. Barth, Leipzig.

Abb. 107, 112, 114, 122 aus R. W. Pohl, Einführung in die Elektrizitäts-
lehre, 4. Aufl. Julius Springer, Berlin 1935.

Abb. 109, 116 aus W. Westphal, Physik, 4. Aufl. Julius Springer, Berlin 1937.

Abb. 119 aus Zimmer, Umsturz im Weltbild der Physik. Knorr & Hirth,
München 1934.

Abb. 120 aus Back und Landé, Zeemaneffekt und Multiplettstruktur der
Spektrallinien. Julius Springer, Berlin 1925.

Abb. 121 aus J. Stark, Elektrische Spektralanalyse chemischer Atome.
Hirzel, Leipzig 1914.

Abb. 124 aus W. H. Bragg, The Universe of Light. G. Bell and Sons, Lon-
don 1935.

Abb. 129, 131 aus Manne Siegbahn, Spektroskopie der Röntgenstrahlen,
2. Aufl. Julius Springer, Berlin 1931.

Abb. 133 aus H. Seemann, Physik. ZS. Bd. 38, 1937. Hirzel, Leipzig.

I. Einleitung.

a) Was die Alten über das Licht dachten.

> Wär' nicht das Auge sonnenhaft,
> Wie könnten wir das Licht erblicken,
> Lebt' nicht in uns des Gottes eigne Kraft,
> Wie könnt' uns Göttliches entzücken!
>
> Goethe.

Für den Eintritt des Menschen in das irdische Dasein besitzen wir in unserer Sprache ein schönes Wort: Das Kind erblickt das Licht der Welt. Das Sehen im eigentlichen Sinne, das Ordnen der Lichteindrücke zu sinnvollen Bildern, wird vom Kind freilich erst ganz allmählich erlernt. Noch bevor wir aber bewußt in das Leben eintreten, hat das Licht der Sonne uns umflutet, unser Wachstum geregelt und uns erwärmt. Wir sind Kinder der Sonne und, solange wir auf Erden wandeln, dem Lichte verhaftet. Das haben die Menschen schon immer gewußt. Alles, was gesund, gut und edel war, wurde von jeher dem Reich des Lichtes, alles Böse, Verworfene, Häßliche dem Reiche der Finsternis zugeteilt.

Es ist sehr wunderbar, daß die Menschen eines Tages auf den Gedanken verfielen, daß hinter der Sinneswelt, die wir unmittelbar wahrnehmen, die uns durch ihre Töne und Farben, ihren Duft, ihren Glanz und ihre wohlige Wärme umschmeichelt oder durch eisige Kälte und Finsternis bedroht, noch etwas verborgen wäre, was wir bis zu einem gewissen Grade enträtseln und verstehen können. So haben schon die griechischen Philosophen das Wesen des Lichtes zu erkennen gesucht, und die Wege, die menschliches Denken in alten Zeiten hierbei gegangen ist, sind wunderlich genug. Es lohnt sich, ein wenig dabei zu verweilen.

Die Wirkung des Auges als Wahrnehmungsorgan des Lichtes und die des Lichtes selbst als eines Vorganges in der Außenwelt ist von manchen griechischen Philosophen miteinander vermengt worden. Der Schall wurde anscheinend als wirklicher angesehen als das Licht. Pythagoras (um 550 v. Chr.), Euklid, Hipparch sahen daher das Ohr zwar als Empfänger des Schalls an, deuteten aber den Vorgang des Sehens als eine Ausstrahlung des Auges, das durch Ausschleuderung von „Sehstrahlen" die Gegenstände abtastet. Dies wird, seltsam genug, damit in Zusammenhang gebracht, daß das Ohr nach innen, das Auge aber nach außen gewölbt ist. Andere Philosophen, vor allem Demokrit (um 400 v. Chr.), Leukip, später auch der römische Dichter Lukrez, kehrten die Richtung um. Nach ihrer Meinung senden die Gegenstände Abbilder nach Art zarter Häute, gewebt aus den Atomen der Körper, aus. Sie durcheilen den Raum mit großer Geschwindigkeit, zerreißen beim Aufprallen auf rauhe Gegenstände, prallen aber an glatten Flächen ab und ergeben dann Spiegelbilder. Empedokles (um 550 v. Chr.), Plato (427 bis 347), viel später Plutarch (um 100 v. Chr.) verbinden beide Vorstellungen miteinander: Sehstrahlen und Ausströmungen von Gegenständen vereinigen sich beim Vorgang des Sehens. Das aus dem Auge strahlende Licht muß, wenn es etwas erblicken soll, draußen ein ihm verwandtes Licht antreffen.

Es wäre vermessen, über solche Vorstellungen überlegen zu spotten, nur weil sie mit physikalischem Denken wenig zu tun haben. Wir finden einen ähnlichen Gedanken bei Goethe wieder: „Und so bildet sich das Auge am Licht fürs Licht, damit das äußere Licht dem inneren Licht entgegentrete." Niemand, der noch ein Gefühl für die Unbegreiflichkeit der Welt und unseres Daseins besitzt, wird sich den allerdings geheimnisvollen und mehr dem Gefühl als dem wachen Verstande zugänglichen Einsichten, die der Dichter uns vermitteln will, entziehen können, trotz allem was uns die physikalische Forschung seither über das Wesen des Lichtes enthüllt hat. Eindringlicher noch sind die Worte des Dichters, die wir diesem Absatz vorangestellt haben.

b) Etwas über Schwingungen und Wellen, den Schall und das Ohr.

Ohr und Auge sind unsere vornehmsten Sinneswerkzeuge. Was ist der Schall und was ist das Licht, die uns Kenntnis geben von dem größten Teil alles Geschehens in der tönenden und bunten Welt?

Es ist merkwürdig, daß das Wesen des Schalls für die Physik keine wesentlichen Rätsel mehr enthält, während das des Lichtes um so geheimnisvoller wird, je mehr man von ihm erfährt. Wir werden uns deshalb zunächst ein wenig über das Wesen des Schalls unterrichten, ehe wir uns dem Licht zuwenden. Was diesen Erscheinungen gemeinsam ist und was sie trennt, zu beachten, wird von Nutzen sein.

Entfernt man die Luft mit einer Luftpumpe aus einem Gefäß, in dem eine tönende Glocke an dünnen Fäden aufgehängt ist, so hört man den Ton nicht mehr. Der Schall pflanzt sich also durch die Luft fort. Man kann das Gefäß aber auch mit einem beliebigen anderen Gas füllen, um den Ton wieder hörbar zu machen. Auch Flüssigkeiten und feste Körper können als gute Träger des Schalls dienen. Die Geschwindigkeit der Schallfortpflanzung ist leicht zu messen. Wer hat nicht schon einen Holzhacker aus der Ferne beobachtet und die Zeitdauer geschätzt, die zwischen dem sichtbaren Einschlag der Axt und der Ankunft des Hacktons verstreicht? Man vergleicht hierbei eigentlich die Geschwindigkeit des Schalls mit der viel größeren des Lichtes. Mit einer Stoppuhr findet man, daß der Schall für je etwa 330 m in Luft eine Laufzeit von einer Sekunde besitzt. In Flüssigkeiten und festen Körpern ist seine Geschwindigkeit größer. Es ist bekanntlich nichts Stoffliches, was sich hierbei in dem Schallträger fortpflanzt. Wenn eine Explosion erfolgt, so dehnt sich die Luft an dieser Stelle sehr plötzlich aus. Die auseinanderdrängende Luft preßt die anstoßenden Luftmassen zusammen, diese die weiter außen liegenden, und so geht das fort. Es entsteht eine nach außen laufende Dichtestörung, die unser Ohr als Knall empfindet, wenn sie auf das Trommelfell trifft. Es ist ähnlich, als würde in einer langen

Reihe von Menschen der an einem Ende stehende Mensch
seinem Nachbarn einen heftigen Stoß versetzen. Einen
Augenblick später gibt dieser den Stoß dem nächsten weiter,
und so läuft die Störung durch die ganze Reihe, bis der letzte
umfällt.

Abb. 1 zeigt die Photographie solch einer Knallwelle, die
gegen ein Sieb gelaufen und dort zum Teil zurückgeworfen
ist. Wie man es fertigbringt, solche wundervollen Aufnahmen zu machen, braucht hier nicht erörtert zu werden.
Die Schallwellen bezeichnet man als Längswellen, weil die
Stöße in der gleichen Richtung
erfolgen, in der der Schall läuft,
und nicht etwa quer zu dieser
Richtung. Im Innern von Flüssigkeiten und Gasen gibt es nur
solche Längswellen, nur in einem
festen Körper sind auch Querwellen möglich. Der Grund liegt
darin, daß Flüssigkeiten und Gase
nur der Änderung ihres Raum-
inhaltes, nicht aber ihrer Gestalt
einen elastischen Widerstand ent-
gegensetzen.

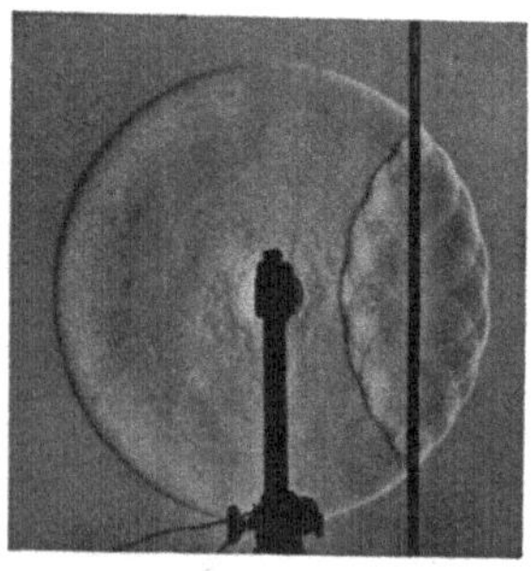

Abb. 1. Reflexion einer Knallwelle an einem Sieb. (Nach
C. Cranz.)

Diese Volumenelastizität ist bei
Flüssigkeiten sehr groß, d. h. sie lassen sich nur durch sehr
große Kräfte auf einen kleineren Raum zusammendrücken.
In festen Körpern bestehen überdies zwischen den einzelnen
Masseteilchen Kräfte, welche einer Verschiebung der Masseteilchen gegeneinander und damit einer Gestaltänderung ent-
gegenwirken. Flüssigkeiten und Gase besitzen im Gegensatz zu
festen Körpern ja überhaupt keine bestimmte Gestalt, sondern
nehmen die des Gefäßes an, das sie umgibt. Bei einer Querwelle breitet sich die Störung in einer Richtung aus, die senkrecht zu der Bewegung der einzelnen Masseteilchen liegt, und
dies kann nur dann geschehen, wenn bei der Verschiebung
eines Masseteilchens auch das Nachbarteilchen, das senkrecht
zur Bewegungsrichtung liegt, aus seiner Ruhelage bewegt wird.
Die Teilchen dürfen also nicht wie bei Flüssigkeiten und Gasen

4

unabhängig voneinander verschiebbar sein. Nur dort, wo eine Flüssigkeit an eine andere Flüssigkeit oder an ein Gas grenzt, können auch eine Art Querwellen auftreten. Die Wasserwellen auf der Oberfläche des Wassers, die uns am meisten vertraute Wellenerscheinung, gehören hierher. Die Wasserteilchen führen in diesem Falle nahezu kreisförmige Bewegungen aus.

Wenn die Stöße von einer Schallquelle in regelmäßiger Folge sich wiederholen, entsteht eine periodische Welle. Die Schallquelle kann z. B. eine tönende Stimmgabel mit einem Resonanzboden sein, deren Zinken periodisch hin und her schwingen. Die Verdichtungen und Verdünnungen erfolgen nun an jeder Stelle des schalltragenden Mediums, z. B. der Luft, ebenfalls in regelmäßiger Zeitfolge.

Am Beispiel der tönenden Stimmgabel und der Schallwellen, die sie aussendet, wollen wir einige, für alle Wellenvorgänge grundlegende Beziehungen kennenlernen.

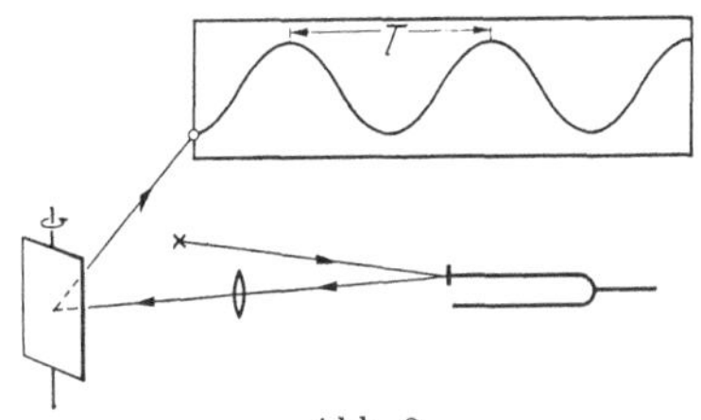

Abb. 2.
Sichtbarmachen der Schwingungen
einer Stimmgabel.

Eine Stimmgabel führt Schwingungen sehr einfacher Art aus. Den zeitlichen Verlauf eines Schwingungsvorganges können wir leicht untersuchen, wenn wir an der einen Zinke ein leichtes Spiegelchen befestigen, dieses beleuchten und mit einer Linse auf einem weißen Schirm als hellen Fleck abbilden. Der Verlauf der Bewegung wird wahrnehmbar, wenn wir das Licht noch an einen rotierenden Spiegel zwischen Linse und Schirm reflektieren lassen. Er zieht den Bewegungsvorgang senkrecht zur Schwingungsrichtung auseinander (Abb. 2). Schwingt die Stimmgabel, so erhält man auf dem Schirm eine Wellenlinie.

Diese Linie ist mathematisch eine Sinuslinie, und die Abhängigkeit der Größe des Zinkenausschlags y von der Zeit t läßt sich darstellen durch $y = A \sin 2\pi n t$. A ist der größte Ausschlag, *die Amplitude der Schwingung*, n *die Anzahl der ganzen Schwingungen in der Sekunde, die sog. Frequenz.* $T = \dfrac{1}{n}$ ist die Dauer einer ganzen Schwingung. Zwei Schwingungen

5

gleicher Amplitude und Frequenz können sich noch dadurch unterscheiden, daß sie nicht gleichzeitig durch die Ruhelage gehen. Sie haben dann, wie man sagt, eine verschiedene *Phase*. Wenn ein schwingendes Gebilde solch eine einfache, harmonische Sinusschwingung um seine Ruhelage ausführt, so liegt dies immer daran, daß eine nach der Ruhelage hin gerichtete Kraft auftritt, die den schwingenden Körper zurückzieht, und zwar um so stärker, je weiter er sich aus der Ruhelage entfernt. Die Kraft wächst im gleichen Verhältnis wie dieser Abstand y. Kraft $= fy$. Solch eine Kraft tritt stets als Folge der Elastizität der Körper auf und ist auch bei der Stimmgabel vorhanden. Ein sehr einfaches Beispiel zeigt Abb. 3, die Schwingung einer durch elastische Federn gehaltenen Masse. Die Frequenz ist hier in besonders einfacher Weise durch die Masse und die Federkonstante bestimmt. Die Abbildung erklärt weiter eine einfache Beziehung, die zwischen der Sinusschwingung und einer gleichförmigen Kreisbewegung besteht.

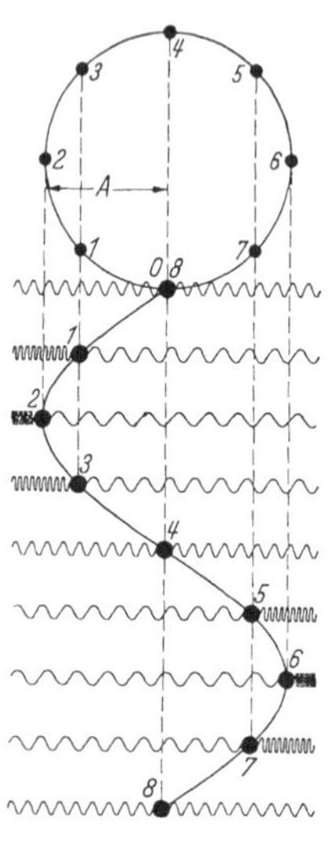

Abb. 3. Sinusschwingung und gleichförmige Kreisbewegung.

Es ist in diesem Falle auch leicht, die Energie der Schwingung zu ermitteln. In den Lagen größter Schwingungsweite ist sie ganz in der Spannung der Federn aufgespeichert. Beim Durchgang durch die Ruhelage ist sie in der Bewegungsenergie der trägen Masse enthalten. Der ganze Schwingungsvorgang besteht in dieser Energieverwandlung. Wenn wir die Kugel in den Abstand A aus der Ruhelage bringen, müssen wir Arbeit (Kraft mal Weg) gegen die rücktreibende Federkraft leisten. Die Kraft ist in jedem Abstand eine andere.

Abb. 4 zeigt den linearen Zuwachs der Kraft mit dem Abstand. Die Gesamtarbeit (Kraft mal Weg) bis zur Entfernung der Masse um die Strecke A ergibt sich einfach als gleich der Fläche des Dreiecks in Abb. 4 Arbeit $= \dfrac{fA^2}{2}$, und dies ist die Energie der Federspannung bei der Entfernung der Masse um die Strecke A aus der Ruhelage. Es ist auch die Bewegungsenergie der Masse $\dfrac{m}{2} v^2 = \dfrac{fA^2}{2}$ beim Durchgang durch die Ruhelage. *Man ersieht hieraus, daß die Schwingungsenergie nicht etwa der Amplitude, sondern dem Quadrat der Amplitude proportional ist.* Bei allen Schwingungsvorgängen sind die Grundgesetze ganz von der gleichen Art.

In einem elastischen Stoff wird eine Schwingungsbewegung, die an einer Stelle erfolgt, auf die benachbarten Stellen übertragen und von dort weitergeleitet. Es entstehen dann Querwellen oder Längswellen. In Abb. 5 ist die Fortpflanzung einer harmonischen Schwingung als Querwelle längs eines gespanntes Fadens, auf dem Kugeln gleicher Masse in gleichen Abständen angeordnet sind, dargestellt.

Die Masse 1 werde zu einer Schwingungsbewegung veranlaßt. Die Abbildung zeigt, wie die anderen Massen nacheinander von der gleichen Bewegung erfaßt werden. Nachdem die Masse 1 eine volle Schwingung vollführt hat, ist die Bewegung bis zum 9. Punkte vorgedrungen, und diese Punkte haben genau die gleiche Schwingungsphase. Den Abstand solcher Punkte bezeichnet man als Wellenlänge λ. Wenn T die Dauer einer ganzen Schwingung, n die Frequenz

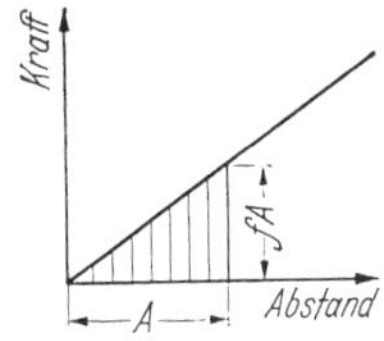</br>

Abb. 4. Zur potentiellen Energie bei der Federspannung.

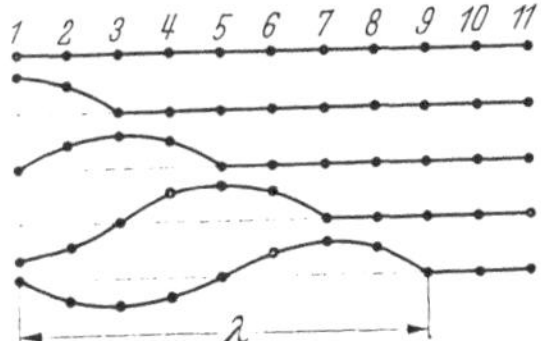

Abb. 5. Zur Entstehung einer elastischen Querwelle.

ist, so können wir auch sagen, daß die Welle sich in der Zeit T um die Strecke λ fortpflanzt und demnach $C = \dfrac{\lambda}{T} = \lambda n$ die Geschwindigkeit der Wellenausbreitung ist. Dies ist die für alle Wellenvorgänge wichtige Beziehung zwischen Frequenz der Schwingung, Wellenlänge und Geschwindigkeit der Welle. Kehren wir nun wieder zu unserer tönenden Stimmgabel zurück.

Abb. 6 zeigt schematisch die Verdichtungen und Verdünnungen in einer einfachen periodischen Schallwelle. Wenn solch eine Störung das Trommelfell des Ohres trifft, hören wir einen reinen Ton. Das Trommelfell vollführt in der Sekunde so viele Schwingungen, als die Frequenz beträgt. Die Höhe des Tones ist durch diese Schwingungszahl bestimmt und um so höher, je größer die Frequenz ist. Der tiefste Ton, den unser Ohr noch als Ton empfindet, hat etwa 18 Schwingungen in der Sekunde, seine Wellenlänge in Luft ist also nahezu $\frac{330}{18} = 18$ m. Bei noch langsameren

Schwingungen hört man die einzelnen Schläge. Der höchste
Ton, den das Ohr hören kann, liegt etwa bei 20 000 Schwingungen. Die Wellenlänge dieses Tones in Luft beträgt angenähert 1,5 cm. Hummeln summen mit einer Tonhöhe von
etwa 440 Schwingungen in der Sekunde. Grillen erzeugen
sehr hohe Töne; alte Menschen können ihr Zirpen nicht mehr
hören. Die menschliche Baßstimme geht von 66 bis 250
Schwingungen, der Tenor von 100 bis 500, der Alt von 160
bis 660 und der Sopran von
270 bis 1000 Schwingungen.
Ein Klavier gibt Töne von
etwa 32 bis 3520 Schwingungen in der Sekunde. Man kennt
heute auch wundervolle Hilfsmittel, um „unhörbare Töne"
mit großer Energie zu erzeugen. Die obere Grenze der
Schwingungszahlen, die man
bisher erreicht hat, ist 200 Millionen in der Sekunde! Die

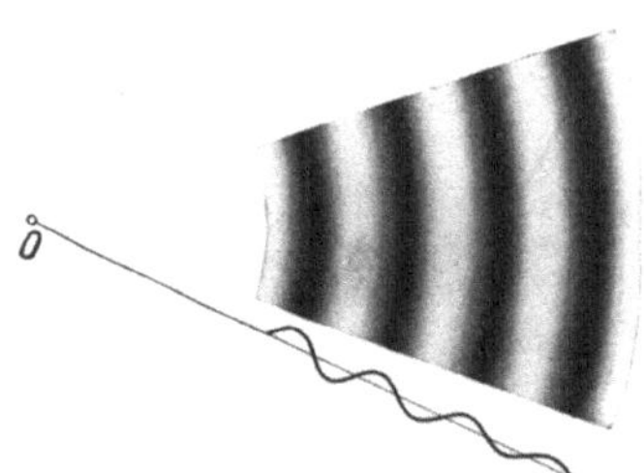

Abb. 6. Radialsymmetrischer Ausschnitt aus einer räumlichen Kugelwelle in Luft
(Schallwelle, nach Pohl).

Wellenlänge beträgt nur 1,5 tausendstel Millimeter! Man bezeichnet so hohe Töne als Ultraschall.

Reine Töne, von denen bisher die Rede war, bekommen wir
selten zu hören, häufiger Klänge, am häufigsten, besonders
in unserer lärmbegierigen Zeit, Geräusche, die meist wenig
angenehm sind. Auch ein Ton ist fast niemals „rein", sondern hat eine „Klangfarbe". Denn wenn wir denselben Ton
mit einer Geige und ein zweites Mal mit einer menschlichen
Stimme erzeugen, so können wir sie gut unterscheiden. Eine
Schwingung oder Wellenbewegung braucht keineswegs immer
die einfache Form zu haben, die wir bisher betrachtet haben.
Es läßt sich aber zeigen, daß es immer möglich ist, wie verwickelt der Vorgang auch sein mag, ihn durch eine Überlagerung von einfach harmonischen Schwingungen oder Wellen
darzustellen.

Klänge und Geräusche sind solche Überlagerungen von
Wellen verschiedener Wellenlänge, und die Klangfarbe beruht darauf, daß dem eigentlichen Grundton noch andere in

gesetzlichem Verhältnis stehende Obertöne (Oktave, Quinte, Quarte) in stärkerem oder schwächerem Maße beigemengt sind. Unser Gehörsinn hat eine höchst wunderbare Eigenschaft; was uns subjektiv als schön erscheint in der einfachen Melodie eines Volksliedes oder der Symphonie eines großen Meisters, läßt sich in weitgehendem Maße objektiv auf zahlenmäßige Gesetzmäßigkeiten bei den Tonschwingungen zurückführen.

Was unser Ohr bei der Unterscheidung von Klängen und Geräuschen leistet, ist erstaunlich. Wenn vom Nebenzimmer oder von der Straße her ein Geräusch an unser Ohr dringt, wissen wir sofort, was geschehen ist. Ein Weinglas wurde zerbrochen oder eine Tasse, ein Stück Papier wurde zerrissen, ein Messer geschliffen, eine Türe hat geknarrt, ein Auto wurde zu plötzlich gebremst. Deshalb ist es auch so schwer, ein Geräusch täuschend nachzumachen.

Wenn wir unsere Sinneswerkzeuge etwas näher betrachten, können wir hoffen, auch etwas über den Vorgang, auf den sie ansprechen, zu erfahren. Die schwingende Membran des Trommelfells überträgt die Schwingung durch Gehörknöchelchen im Mittelohr und ein ovales Fensterchen im Knochen, das das Mittelohr vom innern Ohr trennt, auf die Flüssigkeit des Labyrinths. Noch ein zweites rundes Fensterchen im Knochen, das durch eine feine Membran verschlossen ist, verbindet das Mittelohr, und das innere Ohr, und der Weg zwischen den beiden Fenstern führt durch einen schneckenförmig gewundenen, mit Flüssigkeit gefüllten Gang. Wird die Flüssigkeit durch das Eindrücken des Trommelfells hineingedrückt, so überträgt sich dieser Druck durch den ganzen Schneckengang hindurch auf die Membran des runden Fensters, das allein dem Drucke nachgeben kann. Längs der Schnecke spannt sich eine feine Membran, die Basilarmembran, der die Gehörnervenzellen aufsitzen. Die Basilarmembran enthält feine, quergespannte Fasern, die längs des Weges durch die Schnecke allmählich kürzer werden. Je nach der Höhe des Tones, der in das Ohr eindringt, werden verschiedene Fasern zum Mitschwingen angeregt. Die kurzen Fasern sind auf hohe, die längeren auf tiefe Töne abgestimmt. Der Ton einer Saite hängt ja außer von dem Gewicht der Längeneinheit von ihrer Spannung und von ihrer Länge ab. Je kürzer unter sonst gleichen Umständen die Saite ist, um so höher ist der Ton, den sie liefert. Man kann die Saite nicht nur durch Zupfen oder Streichen erregen, sondern auch dadurch, daß man den Ton, den sie selbst gibt, auf sie wirken läßt. Die Schallschwingungen „zupfen" den schwingungsfähigen Körper dann gerade im richtigen Rhythmus an und bringen ihn zum Mitschwingen. Solche *Resonanzvorgänge* spielen in der Physik und Technik eine große Rolle. Singt man, indem man das rechte Pedal drückt, einen Ton in ein Klavier hinein, so gerät *die* Saite zum Mittönen, die den gleichen Ton liefert. Gerade dies ist die Wirkungsweise unseres Gehörapparates. Die Basilarmembran mit ihren Fasern vertritt hier die Rolle des Klaviers mit den gespannten Saiten. Freilich sind diese schwingungsfähigen Gebilde so winzig klein, daß keine Mechanikerkunst imstande wäre, aus den uns bekannten Werkstoffen ähnliche Resonatoren herzustellen. So steht alles, was wir im Ohr finden, in schönster Übereinstimmung mit dem, was wir vom Wesen des Schalls wissen.

Es ist wohlbekannt, daß wir uns vor der Einwirkung des Schalls nur schwer schützen können. Wir können unsere Ohren nicht schließen wie die Augen. Wir können auch nur schwer den „Schallschatten" aufsuchen, wenn es uns einmal zu lärmend wird. Wir finden keinen einigermaßen tiefen und scharfbegrenzten Schatten. Die Schallwellen laufen um die Hindernisse herum wie Wasserwellen um einen Felsen. Die mannigfaltigen Schallechos wirken überdies mit, um unseren Ohren immer wieder den Schall von einer andern Seite zuzuleiten.

c) Licht und Auge.

Der Leser vergesse für einen Augenblick, daß er in der Schule gelernt hat, auch das Licht sei ein Wellenvorgang. Die alltäglichen Erfahrungen bieten keine Anhaltspunkte für eine solche Behauptung. Die Entfernung der Luft mit der besten Luftpumpe aus einem geschlossenen Glasrohr hindert das Licht nicht, hindurchzugehen, und es eilt zu uns von den fernsten Sonnen durch unermeßliche Räume, die keine Materie enthalten. Was könnte als Träger der Wellen dienen, wo nichts Stoffliches vorhanden ist? Mit den Hilfsmitteln des täglichen Lebens können wir auch darüber nichts erfahren, ob das Licht eine endliche Zeit braucht, um von einer entfernten Lichtquelle in unser Auge zu gelangen. Jedenfalls kennen wir keine Wirkung, die sich schneller ausbreitet, so daß wir durch Vergleich mit dieser die endliche Ausbreitungsgeschwindigkeit des Lichtes vielleicht bemerken könnten.

Fangen wir das Licht der Sonne auf einer weißen Wand auf und bringen einen lichtundurchlässigen Körper in den Weg, so sehen wir einen überaus scharfen Schatten. Die saubere Schärfe der Umrisse und die klare Einfachheit der Zeichnung bietet entschiedene künstlerische Reize. Wo bleiben die Wellen, die um die Gegenstände herumlaufen wie die Wasserwellen um einen Felsen?

Wie Töne verschiedener Höhe, verschiedene Klänge und Geräusche kennen wir auch Licht verschiedener Farbe. Unser Auge scheint aber gar nicht geeignet zu sein, jene feine Analyse der Farben vorzunehmen, die das Ohr bei den Klängen so willig leistet. Wohl haben wir ein gutes Unterscheidungsvermögen für Farbtöne, aber die Erfahrung lehrt, daß wir trotzdem zwei Farben oder farbige Lichter oft als gleich oder nahezu gleich beurteilen, obwohl sie sich anderen Untersuchungsmitteln gegenüber als durchaus verschieden erweisen. Und nun sehen wir in das Empfangsorgan des Lichtes, das Auge selbst hinein; was finden wir?

Das Auge gleicht einem photographischen Apparat. Die Kristallinse des Auges erzeugt auf der Netzhaut ein umgekehrtes, verkleinertes Bild der Gegenstände. Die Netzhaut gleicht der lichtempfindlichen Schicht der Platte. Sie steht mit dem Sehnerv in direkter Verbindung. Auf der Netzhaut bewirkt das Licht chemische Veränderungen, die uns den Eindruck von Licht und Farbe vermitteln. Die Veränderungen werden dann wieder rückgängig gemacht. Aber das geschieht nicht plötzlich, wie wir aus den Nachbildern erkennen können, die mit geschlossenem Auge nach einem starken Lichtreiz noch längere Zeit wahrnehmbar sind. Diese Andeutungen müssen vorläufig genügen. Das Wesentliche ist, daß wir, anders als im Ohr, im Auge nichts finden, was uns an irgendwelche Resonatoren für Schwingungen oder Wellen verschiedener Schwingungszahl erinnert, und im Vertrauen auf die Weisheit der Natur ist deshalb der Schluß naheliegend, daß das Licht im Gegensatz zum Schall *kein* Wellenvorgang sein kann. Trotzdem werden wir in diesem Buch fast ausschließlich von den Lichtwellen sprechen, und die physikalischen Beweise für die Wellennatur des Lichtes werden sich als unumstößlich erweisen. Erst im letzten Abschnitt werden wir solche Vorgänge kennenlernen, bei denen das Licht eine andere Seite seines Wesens, seine korpuskulare Natur enthüllt. Wir werden dann sehen, daß auch die Lichtwahrnehmung durch das Auge zu dieser anderen Art von Vorgängen gehört.

II. Die Lichtstrahlen, eine nützliche Fiktion.

a) Über Spiegelung, Brechung und Totalreflexion.

Es gibt in der Physik viele Begriffe, die nicht den Anspruch erheben können, das Wesen einer Erscheinung genauer zu erfassen, sondern nur als ein bequemes und zweckmäßiges Hilfsmittel angesehen werden müssen, um die in Frage stehende Naturerscheinung in einigen wesentlichen Punkten zu beschreiben. Solche Begriffe können wir „Fiktionen" nennen. Es bleibt allerdings zu bedenken, ob nicht letzten Endes alle Bilder, die man sich in der Physik von Naturvorgängen macht, um sie zu erklären, d. h. auf bekannte Erscheinungen zurückzuführen, mehr oder weniger vollkommene Fiktionen sind. Jedenfalls aber kann in manchen Fällen kein Zweifel sein, daß nur eine Fiktion vorliegt, während wir in anderen Fällen uns schwerer zu dieser Meinung entschließen werden. Solch eine Fiktion ist der Begriff der „Lichtstrahlen", die von den einzelnen Punkten leuchtender Körper geradlinig ausgehen. Diese Vorstellung ist ziemlich alt, wird aber bis heute in der Optik mit Nutzen verwendet.

Wenn das Sonnenlicht durch ein Loch in den Wolken strahlt, oder wenn ein Scheinwerfer über den nächtlichen Himmel leuchtet, können wir das wahrnehmen, was zu der Bildung jener Abstraktion geführt hat. Die Geradlinigkeit dieser „Strahlen" macht die Bildung scharfer Schatten ohne weiteres begreiflich. Über das physikalische Wesen des Lichtes sagt der Begriff freilich nichts aus[1]. Niemand von uns hat einen einzelnen Lichtstrahl wahrgenommen, wie er zeichnerisch oder rechnerisch in der geometrischen Optik verwendet wird. Wir kennen nur mehr oder weniger breite „Lichtbündel" und können uns solche auch mit Hilfe von Linsen und runden Öffnungen in Schirmen leicht herstellen. Von der Seite kann man ein Lichtbündel ohne weiteres nur wahrnehmen, wenn die Luft, durch die es hindurchgeht, etwas dunstig oder staubig ist. Doch tut das zunächst nichts zur Sache.

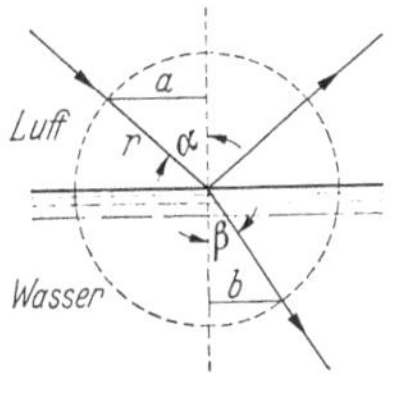

Abb. 7.
Zur Lichtreflexion und Brechung.

Mit solchen Lichtbündeln lassen sich leicht Versuche machen, die den meisten wohlbekannt sind, und an die wir nur kurz erinnern wollen. Abb. 7 zeigt die Spiegelung und Brechung der Lichtstrahlen an der Grenze von Luft und etwa einer Wasseroberfläche. Ein Teil des einfallenden Lichtbündels wird unter dem gleichen Winkel gegen das Lot, unter dem er einfiel, zurückgeworfen, ein anderer Teil dringt in das Wasser ein und wird dabei zum Lot geknickt. Schlägt man einen Kreis mit beliebigem Radius um den Auftreffpunkt des Lichtes auf die Grenzfläche, so ergibt immer das Verhältnis der Strecke a zur Strecke b einen bestimmten, vom Einfallswinkel unabhängigen Zahlenwert für eine bestimmte Kombination zweier durchsichtiger Körper.

---

[1] Natürlich hat man zeitweise die Lichtstrahlen auch mit bestimmten Vorstellungen über das Wesen des Lichtes verknüpft. Man hat einen „Lichtstrahl" z. B. als die Bahn eines „Lichtteilchens" gedeutet. Was der Begriff in der Wellenoptik für einen Sinn hat, werden wir noch sehen.

Das Verhältnis a/r bzw. b/r nennt man bekanntlich den Sinus der Winkel α und β, und schreibt das schon von Snellius (1620) gefundene Gesetz der Lichtbrechung:

$$\frac{\sin\alpha}{\sin\beta} = \text{constant} = n.$$

Diese Konstante n heißt der relative Brechungsexponent. Wenn das Licht aus Luft z. B. in Wasser oder Glas eintritt, so ist stets n größer als 1. Der Lichtstrahl wird zum Lot geknickt. Ist der erste Stoff, wie in unserem Beispiel, Luft, oder wenn man ganz genau sein will, Vakuum, so nennt man die sich ergebende Zahl auch den *absoluten Brechungsexponenten*. Der absolute Brechungsexponent des Wassers ist 1,33 oder der des Glases je nach der Glassorte 1,5 bis 1,65. Der Brechungsexponent der Gase ist nur wenig größer als 1.

Es gilt nun, wie die Erfahrung zeigt, in der Optik das Gesetz der Umkehrbarkeit der Lichtwege; d. h., wenn wir

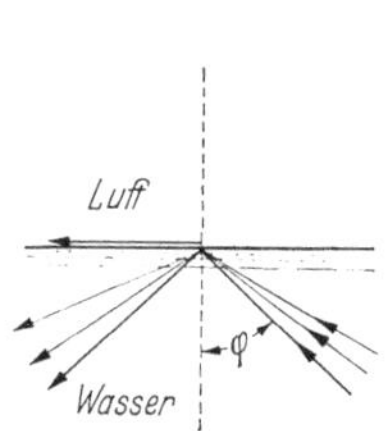

Abb. 8. Zum Grenzwinkel
der totalen Reflexion.

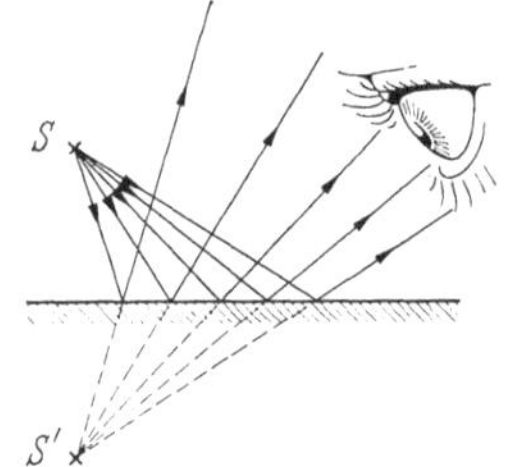

Abb. 9.
Spiegelbild im ebenen Spiegel.

das Lichtbündel statt aus der Luft in das Wasser, aus dem Wasser in die Luft gehen lassen, verläuft das Lichtbündel genau in der gleichen Weise, nur in der umgekehrten Richtung. Das Lichtbündel wird also beim Austritt in die Luft vom Lote abgeknickt. Wir können jetzt offenbar das Licht aus dem Wasser unter einem so großen Winkel φ (Abb. 8) gegen das Lot an die Wasseroberfläche richten, daß es streifend in die Luft austritt. Den Winkel, bei dem dies erfolgt, nennt man den *Grenzwinkel der totalen Reflexion.* Macht man nämlich den Einfallswinkel noch größer, so kann gar kein Licht mehr austreten, alles wird ins Wasser zurückgeworfen wie an einem vollständigen Spiegel.

In der Natur bemerken wir, außer in besonderen Ausnahmefällen, von begrenzten Lichtbündeln oder Strahlen nichts. Wir können uns aber formal eine Menge von Be-

obachtungen deuten, wenn wir uns vorstellen, von jedem
leuchtenden Punkt einer Lichtquelle oder von jedem erleuch-
teten Punkt eines Körpers gingen geradlinig Lichtstrahlen
nach allen Seiten aus. Abb. 9 zeigt, wie man sich die Spiegelbilder in einem ebenen Spiegel deuten kann.

Wir sind an die geradlinige Ausbreitung des Lichtes von
Kindheit an so gewöhnt, daß wir den Ort eines Gegenstandes
immer in der Richtung vermuten, aus der das Licht in das
Auge gelangt. Es ist unmöglich, sich von dieser Täuschung
frei zu machen. So reden wir auch heute von unserem

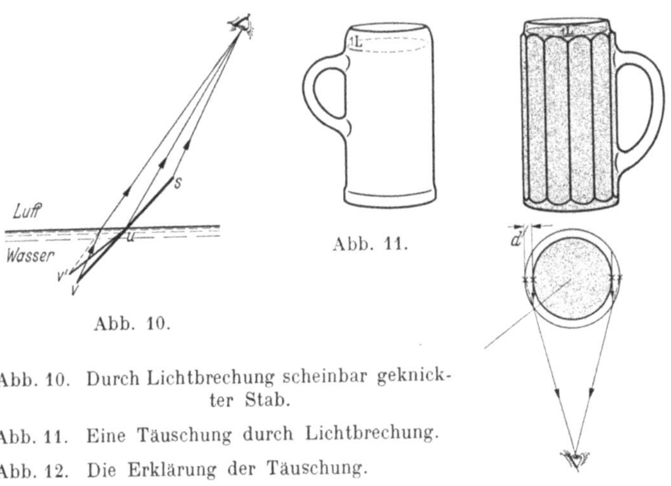

Abb. 10.

Abb. 10. Durch Lichtbrechung scheinbar geknick-
ter Stab.

Abb. 11. Eine Täuschung durch Lichtbrechung.

Abb. 12. Die Erklärung der Täuschung.

Abb. 11.

Abb. 12.

„Spiegelbild", obwohl in einem ebenen Spiegel gar kein Bild
da ist, sondern wir uns selbst auf dem Umweg über die spiegelnde Fläche sehen. Luther übersetzte sogar, übrigens ge-
treu dem griechischen Text: „Wir sehen jetzt *durch* einen
Spiegel in einem dunklen Wort, dann aber von Angesicht zu
Angesicht." Wir sehen uns heute richtiger *im* Spiegel.

Eine ähnliche Täuschung und ihre Aufklärung, die auf der
Lichtbrechung beruht, zeigt Abb. 10, eine weniger bekannte
Abb. 11. Der mit Bier gefüllte Maßkrug aus Glas scheint
viel mehr Bier zu fassen als der steinerne Krug. Die Wände
des gläsernen Maßkruges sind nämlich viel dicker, als sie in-

15

folge der Brechung des Lichtes erscheinen. Wie das mit den Lichtstrahlen zu erklären ist, zeigt Abb. 12.

Die Totalreflexion des Lichtes kann man ebenfalls durch einfache Versuche zeigen. Ein rechtwinkliges Glasprisma (Abb. 13) berührt mit der Hälfte seiner Hypotenusenfläche eine reine Quecksilberoberfläche. Das auf die Fläche r einfallende Licht wird zum Teil am Quecksilber gespiegelt. Dort, wo die Hypotenusenfläche an die Luft grenzt, findet aber Totalreflexion statt. Blickt man die ganze Fläche l an, so erscheint sie metallisch glänzend. Die Totalreflexion ist aber wesentlich vollkommener als die Reflexion am Quecksilber. Abb. 14 zeigt eine Photographie der Erscheinung. Totalreflektierende Prismen werden als sehr vollkommene Spiegel in der Optik vielfach verwendet.

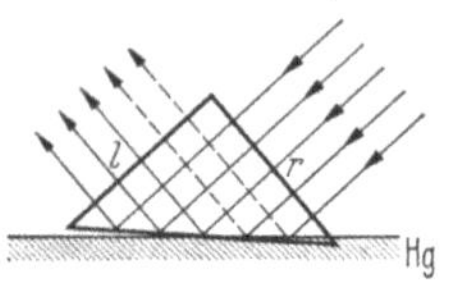

Abb. 13. Versuch der Totalreflexion.

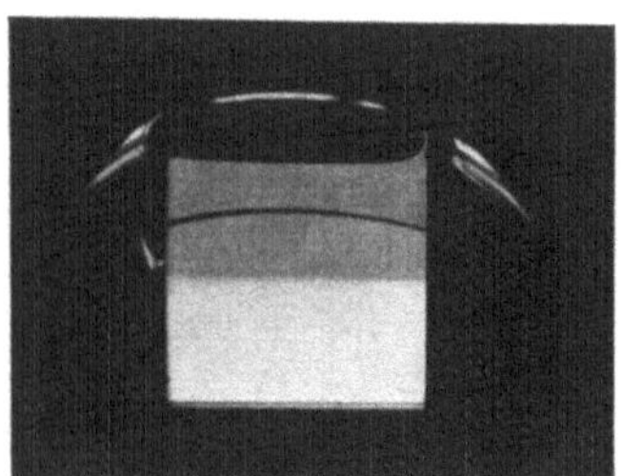

Abb. 14. Die Totalreflexion ist vollständiger als die Reflexion am Quecksilber. Beachte die horizontale Grenzlinie zwischen weiß und grau.

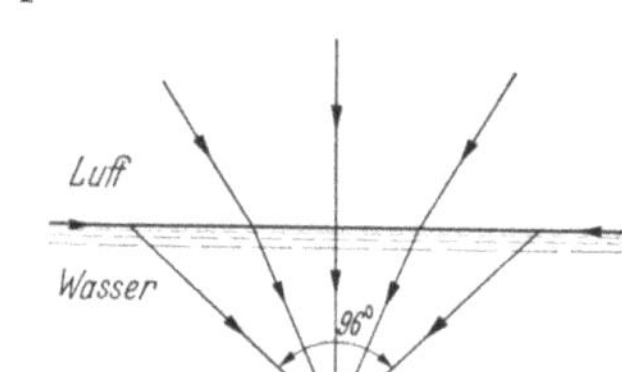

Abb. 15. Was das Auge des Fisches bei 0 unter Wasser sieht, wenn es nach oben blickt.

Was ein Auge zu sehen bekommt, das unter Wasser senkrecht nach der Wasseroberfläche zu blickt, kann man sich an Hand der Abb. 15 klarmachen. Das Licht von außen soll etwa vom Himmel in allen Richtungen einfallen. Ein der Wasseroberfläche paralleler Strahl wird dann so gebrochen, daß er einen Winkel von nahezu 48° mit der Senkrechten bildet. Das ganze Licht, das in ein Auge bei o unter Wasser gelangt, liegt innerhalb eines Kegels von 96°. Das Auge hat deshalb den Eindruck, als blicke es durch ein rundes Loch in einem undurchsichtigen Deckel, und in diesem Loch ist

alles zusammengedrängt, was man in einem Winkelraum von
180° an der Wasseroberfläche zu sehen bekäme. Das menschliche Auge ist nicht so eingerichtet, daß es unter Wasser
deutlich sehen kann, wohl aber das der Fische. Man kann
aber mit einer mit Wasser gefüllten Kamera eine Photographie herstellen, die den Anblick wiedergibt, den ein senkrecht nach oben blickender Fisch in einem Teich haben
müßte, an dessen Ufer Menschen stehen. Man sieht das
„Loch im Deckel", und
die Menschen am Ufer
des Teiches erscheinen
alle reichlich verzerrt
in diesem runden Loch
(Abb. 16).

Abb. 16. Wie für den Fisch die Welt draußen
aussieht. (Menschen um einen Teich; nach
Wood.)

„Lichtstrahlen" können durch die Brechung auch eine stetige
Krümmung erfahren,
wenn sie ein Mittel
durchlaufen, das von
Ort zu Ort das Licht verschieden stark bricht,
etwa infolge einer
stetig veränderlichen
Dichte. Dies ist die Veranlassung zu aller Art
von Luftspiegelungen.

Die Fata Morgana entsteht dann, wenn die Luft über dem
Erdboden heißer und deshalb weniger dicht ist als in höheren Schichten, die sogenannte Kimmung, wenn die Luft z. B.
über dem Meere kälter und daher dichter ist als die darüberliegende Luft. Dichtere Luft bricht das Licht stärker als
dünnere. Abb. 17 zeigt die Erklärung der Fata Morgana.

Auch die normale Abnahme der Dichte der Luft mit der
Höhe hat eine Krümmung der Lichtstrahlen zur Folge. Diese
„astronomische Refraktion" bedingt, daß alle Sterne, außer
die gerade im Zenith über unserem Kopf stehenden, höher
über dem Horizont erscheinen, als sie in Wirklichkeit stehen.

Für die Sterne am Horizont ist die Erhebung am größten, sie beträgt 36 Bogenminuten. Ein horizontal an der Erdoberfläche verlaufender Lichtstrahl ist demnach schwach nach unten konkav gekrümmt. Der Radius der Krümmung ist etwa siebenmal so groß wie der Erdradius. Ähnlich wie in dem scherzhaften Versuch mit den zwei Bierkrügen kann eine Atmosphäre, die einen Planeten umgibt, bedingen, daß seine Scheibe uns größer erscheint, als wenn keine Atmosphäre vorhanden wäre. Da man die Atmosphäre des Mars z. B. natürlich nicht plötzlich fortzaubern kann, könnte es indessen scheinen, als wäre solch ein Einfluß gar nicht nachweisbar. Wir werden später sehen, wie das dennoch möglich ist. Alles dies sind Beispiele, welche vielleicht verständlich machen, inwiefern man mit Hilfe der Lichtstrahlen in der Optik

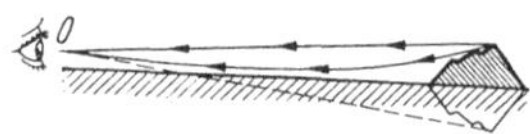

Abb. 17. Zur Erklärung der Fata Morgana.
Das Auge sieht den Berg direkt und wegen
der Strahlkrümmung scheinbar gespiegelt.

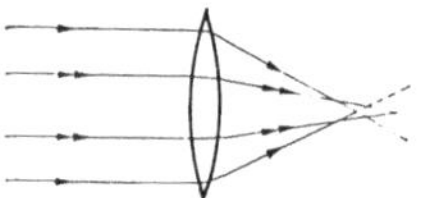

Abb. 18.
Sphärische Aberration.

mancherlei zusammenhängend beschreiben kann. Ein Einblick in das Wesen des Lichtes wird uns offensichtlich dadurch nicht vermittelt.

Die praktisch wichtigste Anwendung findet die Strahlenoptik auf dem Gebiet der optischen Instrumente, bei den Fernrohren, Mikroskopen, photographischen Linsen. Alle diese Vorrichtungen bezwecken bekanntlich zunächst einmal eine möglichst gute Abbildung eines Gegenstandes durch das von ihm ausgehende Licht. Dies würde erreicht, wenn die von jedem Punkt ausgehenden Strahlen infolge der Brechung durch die Linse wieder genau in einem Punkt zusammenträfen. Daß dies annähernd mit kugelig geschliffenen Linsen aus Glas durch den Vorgang der Brechung erreicht werden kann, ist bekannt. Die Erfahrung lehrt aber, daß mit gewöhnlichen Linsen die Abbildung sogar eines einzelnen leuchtenden Punktes auf der Achse[1] eine höchst unvollkommene

---

[1] Als Achse bezeichnet man die senkrecht durch die Mitte der Linse hindurchgehende Gerade.

ist. Die Ursachen solcher Mängel aufzusuchen und sie zu beheben, ist eine wichtige Aufgabe der geometrischen Optik.

In Abb. 18 ist als Beispiel schematisch der Strahlengang mit einer kugeligen Linse gezeichnet für den Fall, daß ein leuchtender Punkt auf der Achse praktisch unendlich weit von der Linse entfernt ist. Man denke etwa an die Abbildung eines Sterns. Die einfallenden Strahlen sind dann parallel. Die Linse vereinigt die Strahlen nicht genau in einem Punkte, sondern die durch die äußeren Teile der Linse gebrochenen Strahlen vereinigen sich näher an der Linse als die durch die Mitte gebrochenen. Diese „sphärische Aberration" verhindert also eine scharfe Abbildung des Sterns. Nur wenn ein genügend kleiner mittlerer Teil der Linse für die Abbildung benutzt wird, kann man eine hinlänglich scharfe Abbildung in einem Punkt, dem Brennpunkt, dessen Abstand von der Linse als Brennweite bezeichnet wird, erzielen. Außer diesem Mangel zeigt das etwa auf einem weißen Papierschirm aufgefangene Bild des Sterns auch Farben. Das Bild ist bläulich mit einem rötlichen Hof oder rötlich mit einem bläulichen Hof, je nach dem Abstand des Schirmes von der Linse. Auf die Ursache dieser „chromatischen Aberration" kommen wir noch kurz zurück. Noch unvollkommener wird die Abbildung von Punkten, die nicht auf der Achse liegen. Die rechnende Linsenoptik lehrt, wie man durch geeignete Zusammensetzung von konvexen und konkaven Linsen, die verschiedene optische Eigenschaften haben und verschiedene Krümmungsradien besitzen, zu sog. Objektiven diese Mängel der Abbildung so weitgehend beseitigen kann, wie es nur wünschenswert ist. Das vom Objektiv entworfene umgekehrte Bild wird beim Fernrohr und Mikroskop mit einer besonderen Lupe, dem Okular, betrachtet. Die Abbildung durch das Objektiv muß so gut sein, daß eine beträchtliche Vergrößerung durch das Okular von Nutzen ist. Bei Fernrohren wird als Objektiv häufig ein parabolisch geschliffener Hohlspiegel aus Glas, versehen mit einem Silber- oder Aluminiumbelag, verwendet. Man hat dann nur eine einzige Fläche so vollkommen wie möglich herzustellen.

Für das Fernrohr und das Mikroskop genügt es, wenn die

Abbildung auf der Achse und in ihrer nächsten Umgebung hinlänglich gut ist. Denn die Fernrohrlinse entwirft ein Bild ferner Gegenstände, das nur eine kleine Ausdehnung hat und deshalb überall nahe der Achse ist. Beim Mikroskop ist der betrachtete Gegenstand sehr klein und alle seine Punkte sind nahe der Achse.

Besonders große Forderungen werden an die photographischen Objektive gestellt, weil hier große Winkelräume und ferne sowie nahe Gegenstände gleichzeitig auf einer ebenen Fläche genügend scharf abgebildet werden sollen. Außerdem werden sehr helle Bilder gewünscht, damit kurzzeitige Aufnahmen möglich sind. Alle diese Wünsche können nicht gleichzeitig erfüllt werden. Jeder Liebhaberphotograph weiß indessen, wie Vorzügliches neuzeitliche Objektive leisten. Welche Arbeit es bedeutet, solche Objektive zu berechnen und herzustellen, kann er allerdings kaum ahnen. Die Anforderung an die Schärfe der Abbildung ist glücklicherweise lange nicht so groß wie beim Fernrohr und Mikroskop. Die meisten Aufnahmen sollen Bilder liefern, die man nur mit freiem Auge betrachtet. Das Auge bemerkt dann eine Unschärfe von einigen Zehnteln eines Millimeters überhaupt nicht.

Man erkennt wohl aus den wenigen Andeutungen, die wir hier machen konnten, daß die geometrische Optik weit mehr eine Angelegenheit der *angewandten* Mathematik und Physik als der reinen Physik ist. Die praktischen Erfolge sind für die ganze Naturwissenschaft von größtem Wert; denn fast unsere ganzen Kenntnisse von den fernen Welten im großen und von dem unsichtbaren Leben im kleinen verdanken wir dem Fernrohr und dem Mikroskop, und die Photographie ist heute ein unentbehrliches Hilfsmittel auf allen Gebieten der Naturwissenschaft und der Technik.

Da es sehr schwierig und kostspielig ist, gute Objektive für optische Werkzeuge zu berechnen und herzustellen, wird man in der Mühe, die man darauf verwendet, nicht weitergehen, als unbedingt erforderlich. Hier zeigt sich nun, daß eine tiefere Einsicht in das Wesen des Lichtes notwendig ist, um zu erkennen, daß auch bei Objektiven, bei denen die letzten Reste unvollkommener Strahlenvereinigung vermieden sind,

dennoch gewisse Unvollkommenheiten der Abbildung übrigbleiben, die in der Natur des Lichtes selbst ihre Ursache
haben. Es hätte keinen Zweck, die Vollkommenheit der Lin-
senkombinationen weiter zu steigern, wenn die Unvollkommenheiten bis auf dieses Maß herabgedrückt sind.

Merkwürdigerweise ist die Augenlinse keineswegs so gut korrigiert wie ein photographisches Objektiv. Helmholtz soll
einmal scherzweise geäußert haben, er würde einem Optiker
ein so schlechtes optisches Instrument wie das Auge wieder
zurückgeben. Die sphärische Aberration der Augenlinse z. B.
bedingt, daß ein ausdehnungsloser leuchtender Punkt auf
der Netzhaut als ein Kreisscheibchen von 0,1 mm Durchmesser abgebildet wird. Man sollte also zwei leuchtende
Punkte gerade noch getrennt sehen, wenn ihre Netzhautbilder
0,1 mm voneinander entfernt sind, weil sich dann die beiden
Bildkreise bereits berühren. Zwei leuchtende Punkte, die
10 cm voneinander entfernt sind und deren Abstand vom
Auge 15 m beträgt, werden in dieser Weise abgebildet und
sollten daher gerade noch getrennt erscheinen. In Wirklichkeit ist die Sehschärfe viel größer. Ein gutes Auge kann auf
15 m Abstand leicht noch zwei leuchtende Punkte trennen,
die 1 cm voneinander abstehen. Dies hat seinen Grund darin,
daß das Licht auf dem Bildscheibchen der Netzhaut nicht
gleichmäßig verteilt ist, sondern in der Mitte so viel stärker
ist als am Rand, daß nur in einem kleinen mittleren Teil
des Bildscheibchens die lichtempfindliche Netzhaut für eine
Wahrnehmung genügend stark erregt wird. Der wahrgenom-
mene Teil des Bildkreises ist also viel kleiner als der ganze
Bildkreis. Die Natur kann auf die gute Korrektur der Linse
verzichten, weil sie ihre Aufgabe auf diese andere, geistvollere
Weise löst.

Bekanntlich hat man auf der Netzhaut an der Eintrittstelle
des Sehnervs einen blinden Fleck, der 12mal so groß ist wie
das Netzhautbild des Vollmondes. Man merkt davon aber für
gewöhnlich nichts. Nach dem Ausspruch eines Forschers liegt
dies einfach daran, „daß wir eben *nichts* mit dieser Stelle
sehen und, um es kurz zu sagen, eben nicht wissen, wie nichts
aussieht". Auch wirkliche Mängel des optischen Apparates,

z. B. Kurzsichtigkeit oder Farbenblindheit, werden oft überhaupt nicht bemerkt, bis das Auge vor besondere Aufgaben gestellt wird, die es nicht zu lösen vermag. Durch allmähliche Anpassung kann man sich auch an schwere erworbene Mängel des Auges weitgehend gewöhnen. Weshalb man die Dinge aufrecht sieht, obwohl das Netzhautbildchen umgekehrt ist, ist keine Frage, die einer physikalischen Beantwortung zugänglich ist. Das hat Gottlieb Elias Müller durch einen schlagenden Versuch bewiesen. Er trug längere Zeit ununterbrochen eine besonders eingerichtete Brille, die das Netzhautbildchen aufrichtete. Natürlich sah er nun die ganze Welt verkehrt. Nach einiger Zeit hatte er sich aber so völlig daran gewöhnt, daß er sie vollkommen richtig zu sehen glaubte. Ja, nach *Entfernung* der Umkehrbrille erschien ihm nun die Außenwelt verkehrt, und es bedurfte wieder einer längeren Gewöhnung, bis dieser Eindruck verschwand.

b) Weshalb sieht man durchsichtige Dinge?

Wir wollen noch kurz die Frage streifen, warum man durchsichtige, farblose Dinge überhaupt sehen kann. Es ist die einfache Brechung und Zurückwerfung des Lichtes, die uns den Gegenstand wahrnehmbar macht. Würden wir den Körper statt mit Luft mit einer ebenso durchsichtigen Flüssigkeit umgeben, die die gleiche Brechkraft besitzt wie der Körper selbst, so müßte der Gegenstand verschwinden. Abb. 19 zeigt einen Glasstab, der in einer klaren Flüssigkeit vom gleichen Brechungsexponenten eintaucht. Er ist unsichtbar, soweit er in die Flüssigkeit eintaucht. Zieht man ihn heraus, so bleibt die zähe Flüssigkeit in Tropfen am Stabe hängen, und es sieht so aus, als wäre das Glas geschmolzen. Der englische Schriftsteller Wells hat in einer Erzählung „Der Unsichtbare" einmal geschildert, was die Folgen wären, wenn ein Mensch durch irgendein Mittel seinem Körper eine völlige Durchsichtigkeit und den Brechungsexponenten der Luft erteilen könnte.

Man kann auf noch ganz andere Weise einen klar durchsichtigen Körper auch einfach in der Luft unsichtbar machen.

Der Gegenstand muß nur aus allen Richtungen genau gleichviel Licht empfangen. Dann empfängt das Auge von der Stelle des Gegenstandes genau soviel Licht, als wäre er gar

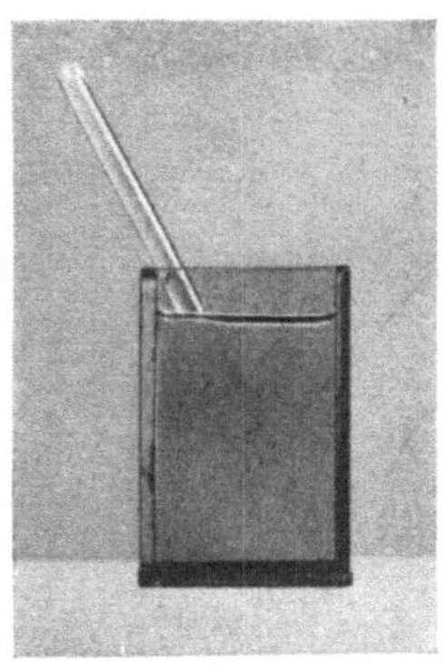

Abb. 19a. Der Glasstab ist in der Flüssigkeit unsichtbar.

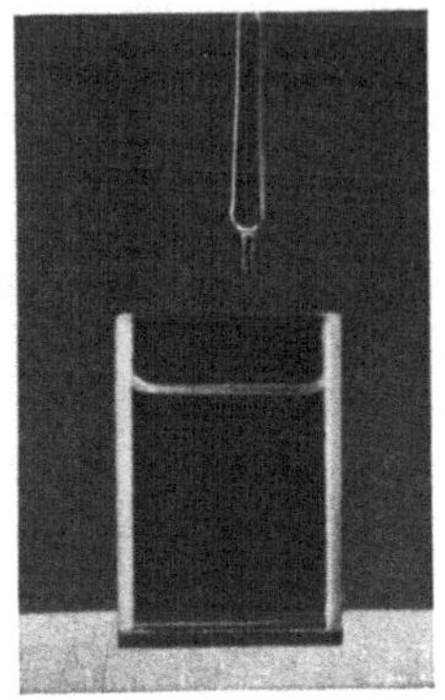

Abb. 19b. Der Glasstab scheint zu schmelzen.

nicht vorhanden. Man kann leicht einen einfachen und hübschen Versuch machen, um dies zu zeigen. Abb. 20 zeigt eine trichterförmig gebogene, innen mit einer matten, ganz weißen Farbe bestrichene Fläche mit einer kleinen seitlichen Öffnung O, durch die das Auge von außen hineinsehen kann. Genau in der Achse des Trichters ist ein klarer fehlerfreier Glasstab aufgestellt, und in etwa 1 m Abstand darüber, ebenfalls genau auf der Achse, hängt eine mattierte Glühlampe, die den inneren

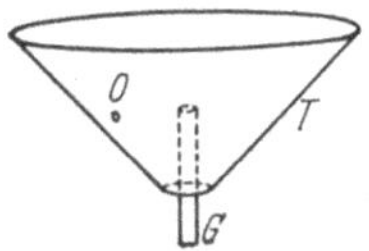

Abb. 20. Wie man durchsichtige Dinge in freier Luft unsichtbar macht.

Teil des Trichters gleichmäßig beleuchtet. Wenn man durch die kleine Öffnung blickt, ist vom Glasstab nichts zu sehen. Das wirkt sehr überraschend auch für den mit optischen Fragen Vertrauten.

III. Die Geschwindigkeit des Lichtes.

Daß das Licht Zeit braucht, um von der Lichtquelle ins Auge zu gelangen, ist schon im Jahre 1676 von dem dänischen Astronomen O l a f R ö m e r gefunden worden. Er fand,

daß das Licht in 1 sec rund 3oo ooo km im leeren Raum
zurücklegt. Daß diese Bestimmung zuerst bei einer astrono-
mischen Beobachtung gelang, ist begreiflich. Jede absolute
Geschwindigkeitsmessung beruht auf der Messung eines Weges
und der Zeit, in der der Weg zurückgelegt wird. Im Weltraum stehen uns so große Wege zur Verfügung, daß selbst
bei der ungeheuer großen Geschwindigkeit des Lichtes die
Zeiten verhältnismäßig groß und leicht meßbar sind. Erst
im 19. Jahrhundert gelang die Messung der Lichtgeschwindigkeit auf der Erde. Viel ältere Versuche von Galilei

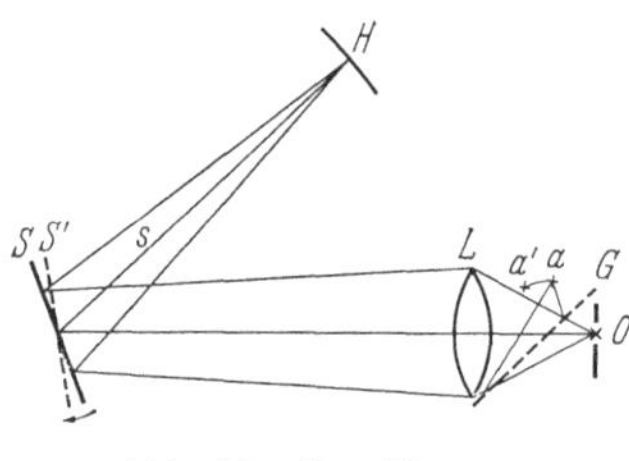

Abb. 21. Zur Messung
der Lichtgeschwindigkeit.

mußten wegen der Unzuläng-
lichkeit der Hilfsmittel erfolg-
los bleiben.

Abb. 21 zeigt die wesentlichen
Teile des Apparates von Foucault (185o). Sonnenlicht fällt
auf eine kleine Öffnung O. Die
Öffnung wird durch eine Linse
über einen Spiegel auf den
Hohlspiegel H, der sich im Ab-
stand einiger Meter von dem Spiegel S befindet, abgebildet.
Von hier geht das Licht genau den gleichen Weg zurück und
wird zum Teil an der Glasplatte G gespiegelt, so daß in a ein
Bild der Öffnung O entsteht. Wird nun der Spiegel S in sehr
rasche Umdrehung in der Pfeilrichtung versetzt, so trifft das
vom Hohlspiegel zurückkehrende Licht den Spiegel in einer
etwas anderen Stellung S' und wird deshalb in einer etwas
anderen Richtung reflektiert. Das Bild der Öffnung erscheint
daher in a' statt in a. Die Verschiebung aa' betrug bei Foucault nur 0,7 mm. Aus der Größe dieser Verschiebung, der
Strecke s und der Umdrehungsgeschwindigkeit des Spiegels
ergibt sich die Zeit, die das Licht zum zweimaligen Durchlaufen des Weges s braucht.

Das grundsätzlich gleiche Verfahren ist in neuerer Zeit mit
weit vollkommeneren Mitteln von A. Michelson benutzt
worden. Das Licht hatte dabei eine große Entfernung von ungefähr 34,5 km zwischen dem Mt. Wilson und dem Mt.
St. Antonio in Kalifornien hin und zurück zu durchlaufen.

Die Zeit, die das Licht für diese Reise brauchte, ergab sich zu 0,000236 sec.

Der rotierende Spiegel Michelsons bestand aus einem achtseitigen Glasprisma mit spiegelnden Flächen (Abb. 22), und seine Drehgeschwindigkeit wurde so geregelt, daß das rückkehrende Licht, nachdem es den Gesamtweg zwischen den beiden Bergen zweimal zurückgelegt hatte, eine Spiegelfläche gerade wieder in der gleichen Stellung vorfand wie auf dem Hinweg. Der Spiegel hatte also während der Laufzeit des Lichtes $1/_8$ Umdrehung vollführt. Man erkennt dies natürlich daran, daß das Licht trotz der Spiegeldrehung dann genau den gleichen Weg durchläuft wie ohne Drehung und keine Verschiebung des Bildes a auftritt. Man braucht deshalb *nur* die Drehgeschwindigkeit des Spiegels und die Entfernung genau zu messen. Das Ergebnis war für die Lichtgeschwindigkeit im leeren Raum 299 796 km/sec. Die Unsicherheit beträgt nur etwa 4 km/sec und ist wesentlich durch die Schwierigkeit einer genügend genauen Entfernungsmessung bedingt. Die große Mühe, die man auf die genaue Ermittlung der Lichtgeschwindigkeit verwendet hat, hat ihren guten Grund. Es ist eine der wichtigsten Naturkonstanten der ganzen Physik. Uns ist keine physikalische Wirkung bekannt, die sich mit einer größeren Geschwindigkeit ausbreitet.

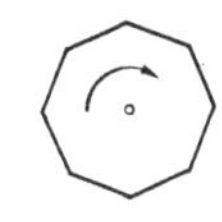

Abb. 22.
Rotierender
Winkelspiegel.

IV. Die Beugung des Lichtes.

a) Die Lochkamera.

Jedes photographische Objektiv hat eine veränderliche Blende. Der Photograph weiß, daß sie mancherlei Zwecken dient. Erstens kann man durch Vergrößerung oder durch Verkleinerung der Blendenöffnung die Belichtungszeit nach Wunsch verkürzen oder verlängern. zweitens kann man durch Verkleinerung der Öffnung die Tiefenschärfe vergrößern, so daß nahe und fernere Gegenstände gleichzeitig hinlänglich scharf abgebildet werden. Ist die Linse mangelhaft oder gar nicht korrigiert, so werden die Fehler der Abbildung um so weniger störend, je kleiner die Blende im Verhältnis zur Brennweite ist. Einfache photographische Apparate werden daher nur mit engen Blenden hergestellt, so daß lange Belichtungszeiten notwendig werden. Die photographische Industrie hat aber allmählich die Lichtempfindlichkeit der Platten und Filme so gesteigert, daß auch mit billigen Apparaten in vielen Fällen noch Momentaufnahmen zu erzielen sind. Aus dieser Bemerkung ersieht man folgendes: Je enger die Blende gewählt wird, um so unbedeutender wird die Rolle, die die Linse bei dem Zustandekommen des Bildes spielt, und es scheint endlich am vorteilhaftesten, wenn man die Lichtschwäche in Kauf nehmen will, die Öffnung so klein zu machen, daß man die Linse ganz fortlassen kann. Man kommt damit zur einfachen Lochkamera und kann sicher sein, nunmehr alle Linsenfehler zu vermeiden.

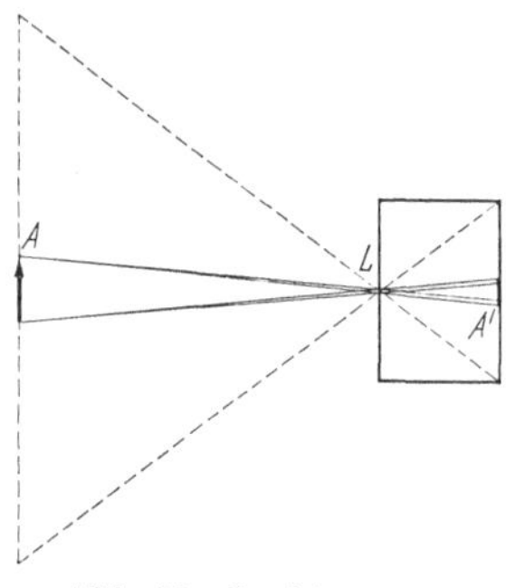

Abb. 23. Lochkamera.

Wie nach der Strahlenoptik bei der Lochkamera ein Bild zustande kommt, zeigt Abb. 23. Solch eine Kamera besitzt eine große Tiefenschärfe und kann auch sehr große Winkelbereiche scharf abbilden. Man wird zunächst erwarten, daß es für die Schärfe des Bildes günstig sein sollte, das Loch so klein wie irgend möglich zu machen.

Der Versuch zeigt, daß man in der Tat mit einer Lochkamera gute Aufnahmen von künstlerischem Reiz erhalten kann. Dieser liegt aber merkwürdigerweise gerade in einer gewissen Unschärfe, die sich durch eine immer weitere Verengerung des Loches nicht etwa beseitigen läßt. Wenn die Öffnung zu groß ist, erhält man natürlich überhaupt kein vernünftiges Bild, macht man sie kleiner, so wird das Bild entsprechend der Erwartung schärfer. Bei einer weiteren Verkleinerung wird es aber wieder unschärfer und schließlich ganz unbrauchbar. Das scheint zunächst ganz unverständlich zu sein. Ist die Platte von der Öffnung 10 cm entfernt, so ist für die Aufnahme ferner Gegenstände das Ergebnis am besten, wenn der Durchmesser der Öffnung etwa $^4/_{10}$ mm beträgt. Je größer der Plattenabstand ist, um so größer muß auch das Loch sein. Für einen Abstand von 10 m müßte man das Loch schon 4 mm groß machen, um größte Schärfe zu erzielen.

Abb. 24 a, b, c zeigt drei Lochkameraaufnahmen des Fadens einer Kohlenfadenglühlampe. In der Aufnahme a hatte das Loch einen Durchmesser von 1,6 mm, in der Aufnahme b von 0,4 mm und in der Aufnahme c von 0,1 mm. Die Platte

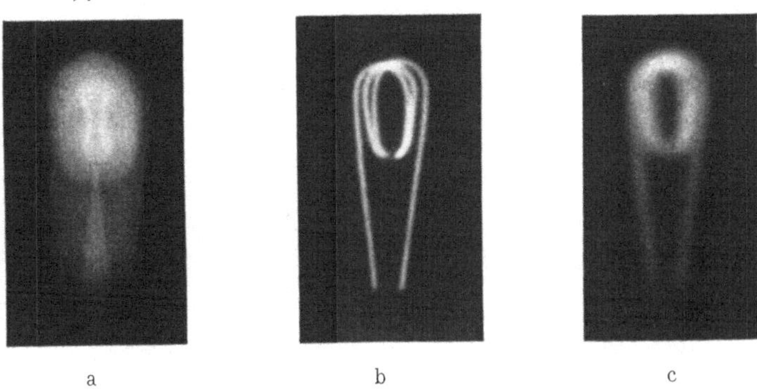

a   b   c

Abb. 24. 3 Lochkameraaufnahmen eines Glühfadens (vergrößert). Siehe Text.

war stets 10 cm vom Loch entfernt. Die mittlere Aufnahme b ist am schärfsten ausgefallen, obwohl die Aufnahme c mit einer viel engeren Öffnung aufgenommen worden ist.

b) Die Auffindung der Beugung.

Die vor allem von Newton (1642—1727) vertretene Vorstellung, daß das Licht aus einem Hagel von Geschossen besteht, stützte sich hauptsächlich auf die geradlinige Ausbreitung des Lichtes. Aus den Ergebnissen unserer einfachen Versuche mit der Lochkamera kann man schon entnehmen, daß Abweichungen von der geradlinigen Ausbreitung des Lichtes bemerkbar werden, wenn man ein Loch, durch das das Licht hindurchgeht, zu eng macht, sonst könnte die Abbildung nicht durch die Verengerung des Loches unscharf werden. Wenn wir Ernst damit machen, einen wirklichen

27

Lichtstrahl herzustellen, fängt er an, vor unseren Augen gewissermaßen zu zerfließen!

In sehr auffälliger Weise kann man die Abweichung des
Lichtes vom geraden Weg durch folgenden Versuch zeigen
(Abb. 25). Eine kleine Lichtquelle Q wird mit der Linse L_1
an der Stelle abgebildet, wo sich eine zweite Linse L_2 be-

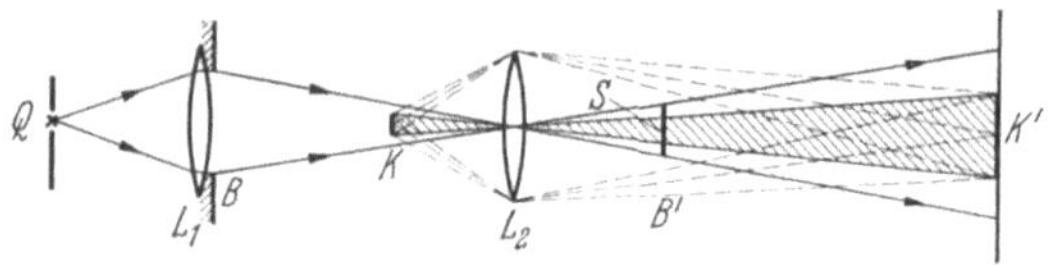

Abb. 25. Anordnung zur Sichtbarmachung der Abweichung des Lichtes
vom geraden Weg.

findet. Diese Linse bildet die z. B. spaltförmige Öffnung B
hinter der ersten Linse an der Stelle B' verkleinert scharf ab.
Bei W befindet sich eine weiße Wand, die durch das Licht
hell erleuchtet ist. Durch einen kleinen undurchsichtigen

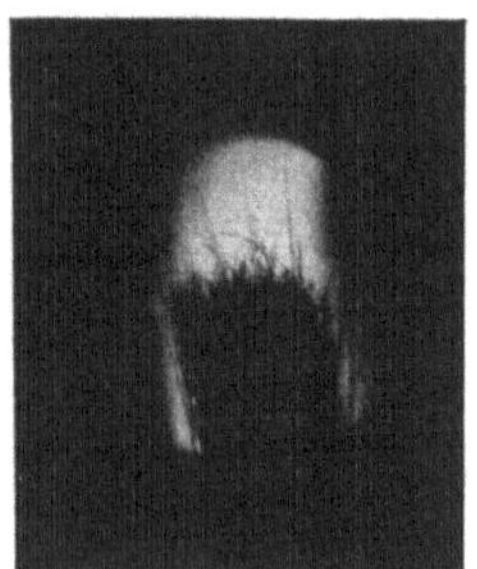

Abb. 26. Schattenbild eines
Pinsels.

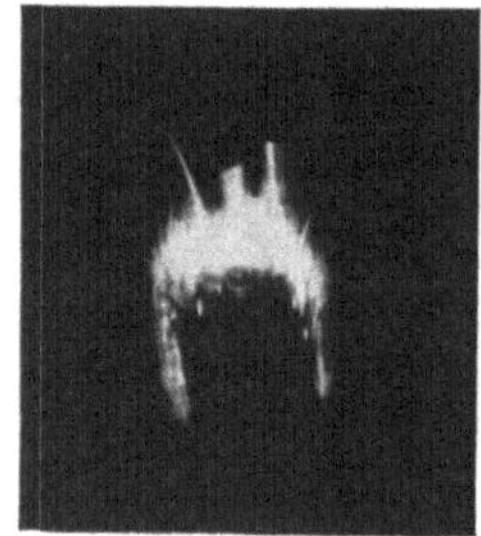

Abb. 27. Helles Bild des gleichen
Pinsels nach Abblendung
des direkten Lichtes.

Schirm S von der Form des Spaltes kann man das Licht an
der engsten Stelle B' abfangen. Die Wand bekommt dann gar
kein Licht mehr. Entfernt man diese Blende wieder und
bringt an die Stelle K einen undurchsichtigen Körper, z. B.
einen Haarpinsel, so kann man eine Abbildung des Pinsels
als anscheinend scharf begrenzten Schatten auf dem Schirm
erhalten (Abb. 26). Soweit ist alles mit der geradlinigen

Lichtausbreitung in Übereinstimmung. Versucht man aber
nun wieder bei B' alles Licht mit dem kleinen Schirm S ab-
zufangen, so gelingt das nicht. Man erhält überraschender-
weise ein leuchtend helles Bild des Pinsels auf schwarzem
Untergrund auf der Wand. Jedes Haar ist als heller Strich
sichtbar (Abb. 27). Das Licht, das wir jetzt wahrnehmen und
das sich vorher nicht bemerkbar machte, weil die Umgebung
so hell war, kann nicht auf dem versperrten geraden Weg
zur Wand gelangt sein. Es ist so, als wäre jedes Pinselhaar
selbstleuchtend geworden. Wenn eine wirkliche Lichtquelle

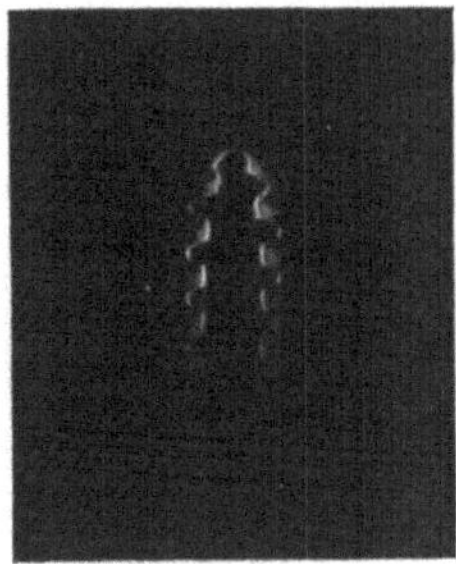

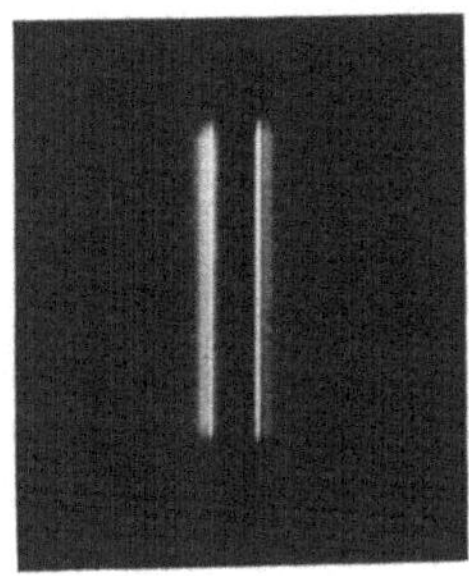

Abb. 28. Bild einer Holzschraube unter den gleichen Bedingungen wie Abb. 27.

Abb. 29. Bild einer Stricknadel unter den gleichen Bedingungen wie Abb. 27 und 28.

bei K sich befände, wäre auch nicht alles Licht durch die
Blende B' von der Wand abgeschirmt, da die Linse genügend
groß ist. Abb. 28 zeigt das sehr zierliche Bild, das man erhält, wenn man eine gewöhnliche Holzschraube statt des
Pinsels verwendet. Alle Konturen erscheinen als helle Linien.
Abb. 29 zeigt endlich eine ebensolche Aufnahme einer Stricknadel. Beide Ränder treten als helle Linien hervor.

Die Abweichung des Lichtes vom geraden Weg ist bei der
genauen Betrachtung der Schattengrenze schon 1661 von
dem Italiener P. Grimaldi entdeckt und unter dem Titel
„Physico mathesis de lumine et iride“ 1665 veröffentlicht worden. Die Abweichung von der geradlinigen Ausbreitung nennt
Grimaldi: „diffractio“ (Beugung), und die Propositio I
seiner Untersuchung lautet: „Lumen propagatur vel diffun-

ditur non solum directe, refracte ac reflexe, sed etiam alio quodam modo, diffracte." (Das Licht breitet sich nicht nur geradlinig, gebrochen und gespiegelt aus, sondern noch auf eine gewisse andere Weise, gebeugt.) Eine Erklärung für das Zustandekommen der Beugung zu geben, versuchte G r i m a l d i nicht.

Es kommt in der Physik häufig vor, daß eine zunächst unscheinbare und unter ziemlich künstlichen Versuchsbedingungen beobachtete Erscheinung schließlich zu grundlegenden Änderungen in der Anschauung über das Wesen eines Naturvorgangs führt. Man kann mit Zuhilfenahme künstlicher Versuchsbedingungen natürlich sehr vielerlei verschiedene, oft

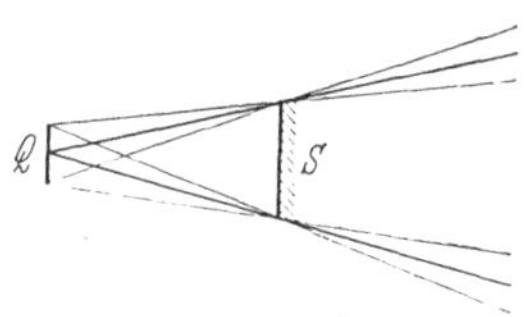

Abb. 30. Eine ausgedehnte Lichtquelle Q gibt einen Kern- und Halbschatten.

merkwürdige Beobachtungen machen. Es erfordert daher viel Erfahrung, um zu entscheiden, ob die Beobachtung physikalisch sinnvoll ist und uns wirklich eine grundlegende neue Seite eines Naturvorganges enthüllt. Auch Physiker haben häufig genug „sinnlose" Versuche gemacht, die zu nichts geführt haben. Dem Laien ist es meist fast unmöglich, zwischen einem sinnvollen und einem sinnlosen Versuch zu unterscheiden.

Die Versuche von G r i m a l d i nun haben sich als ausgesprochen sinnvoll erwiesen. Er ließ Sonnenlicht durch eine sehr kleine runde Öffnung in ein verdunkeltes Zimmer eintreten und brachte einen schattenwerfenden Körper in den Weg. Der Schatten auf der Wand war breiter, als er bei einer geradlinigen Lichtausbreitung hätte sein dürfen, und an der Schattengrenze waren eigentümliche, dunkle und helle Linien zu sehen. Die letzteren zeigten überdies bei näherer Betrachtung farbige Ränder. Brachte er statt des Körpers einen Schirm mit einer zweiten feinen kreisförmigen Öffnung in den Weg des Lichtes, so war auch der auf der Wand entstehende Lichtfleck größer, als er nach der Strahlenoptik sein sollte. Auch hier zeigten sich farbig begrenzte dunkle und helle Ringe innen und außen. Die Beugungserscheinungen werden um so auffälliger, je günstiger nach der gewöhn-

lichen Vorstellung der geraden Lichtstrahlen die Versuchsbedingungen für eine scharfe Schattengrenze zu sein scheinen.
Eine große, dem schattenwerfenden Gegenstand nahe Lichtquelle kann natürlich keine scharfen Schatten liefern
(Abb. 3o). Es entsteht ein Kernschatten und ein Halbschatten. Benutzt man, um dies zu vermeiden, eine sehr kleine

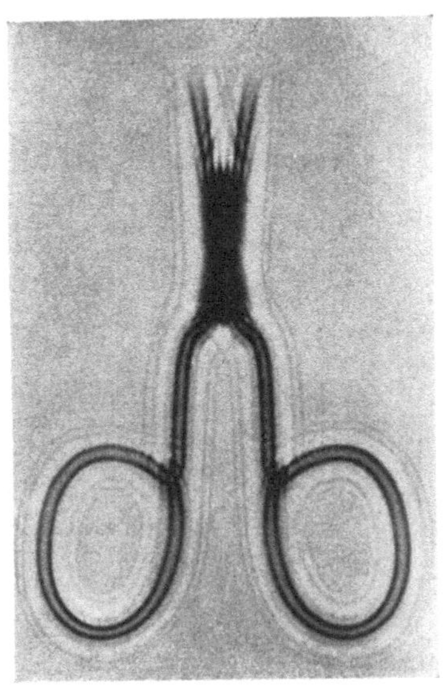

Abb. 31 Lichtbeugung an einer Schere.
(Nach Arkadiew.)

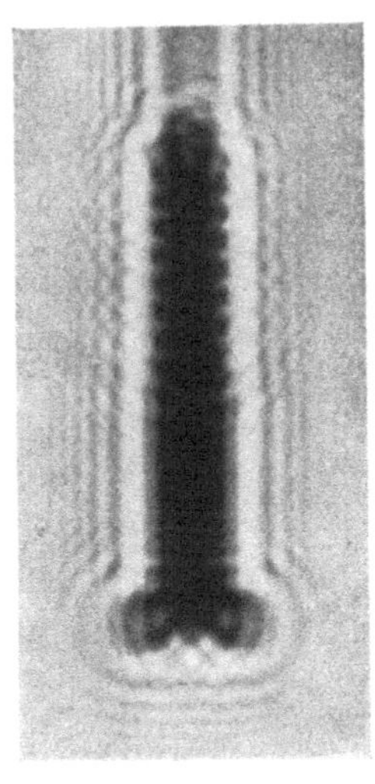

Abb. 32. Lichtbeugung an
einer Holzschraube. (Nach
Arkadiew.)

Lichtquelle, so tritt die Beugung in auffälligster Weise in
Erscheinung, wenn der schattenwerfende Gegenstand sowohl
von der Lichtquelle wie vom Auffangschirm genügend weit
entfernt ist. Photographien zweier Beugungserscheinungen
zeigen die nebenstehenden Abbildungen (Abb. 31 u. 32). Es
ist nicht schwer, solche Versuche mit einfachen Mitteln bei
einiger Sorgfalt anzustellen. Statt das Licht mit einer photographischen Platte aufzufangen, kann man die Beugungserscheinung einfach mit dem Auge mit Zuhilfenahme einer
Lupe in nicht zu kleinem Abstand vom schattenwerfenden

Schirm beobachten. Der Schatten ähnelt der einfachen Gestalt des Körpers oder der Öffnung oft so wenig, daß man sie kaum daraus erschließen kann.

An den Beugungsbildern fällt zweierlei auf: erstens die Ausbreitung des Lichtes über den Rand der Schattengrenze, zweitens die eigentümlichen Streifen oder Ringe, die in einfarbigem Licht (für unsere Zwecke genügt es zunächst, vor die Öffnung, die als Lichtquelle dient, ein farbiges Glas zu halten) abwechselnd hell und dunkel, bei Tageslicht oder

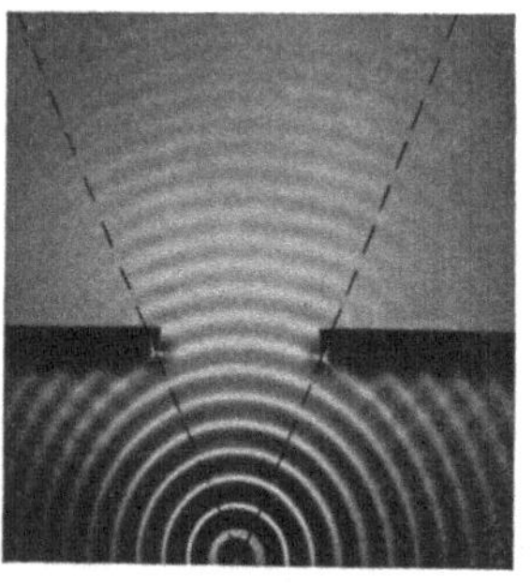

Abb. 33. Wasserwellen, große Öffnung, geringe Beugung. (Nach Pohl.)

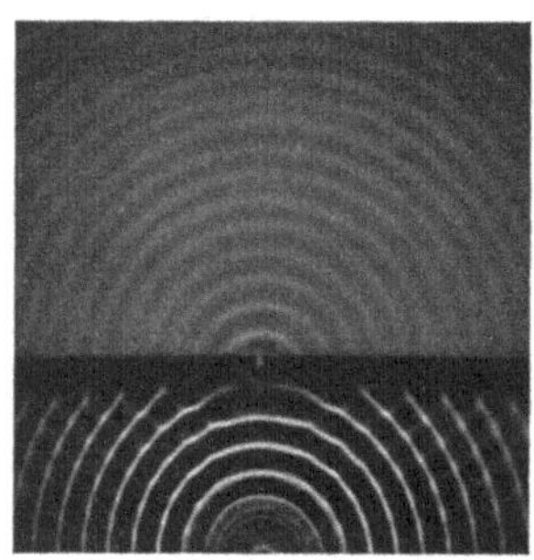

Abb. 34. Wasserwellen, kleine Öffnung, starke Beugung. (Nach Pohl.)

Lampenlicht farbig sind. Man kann sich ferner durch den Versuch überzeugen, daß die ganze Beugungsfigur in rotem Licht ausgedehnter ist als in blauem.

Die Ausbreitung über die Schattengrenze hinaus, der eigentliche Vorgang der Beugung, den wir zunächst näher betrachten wollen, ist nun ein für jeden Wellenvorgang kennzeichnendes Merkmal und bildet die Grundlage der Wellentheorie des Lichtes. Die Schwierigkeit besteht dann gerade darin, zu verstehen, weshalb die geradlinige Ausbreitung des Lichtes häufig so nahe der Wirklichkeit entspricht.

Man kann die Beugung bequem an Wasserwellen beobachten. Wenn die Welle auf Öffnungen oder Schirme trifft, die wesentlich größer sind als die Wellenlänge (Abb. 33), so ist jenseits in der Nähe der Öffnung eine ziemlich scharfe Schattengrenze zu sehen. Es wird einfach ein Stück aus der Welle herausgeschnitten, und nur am Rande ist ein geringes Übergreifen der Welle zu bemerken. Bei Öffnungen oder Schirmen, die ungefähr ebenso groß oder kleiner sind, wie die Wellenlänge Abb. 34, ist von einem Schatten überhaupt keine Rede mehr. Beim Durchgang der Welle durch das enge Loch verhält sie sich so, als wäre das Loch zum Ausgangspunkt einer neuen Kreiswelle geworden, die sich hinter der Öffnung ausbreitet.

Wir hatten schon bei der kurzen Beschreibung der Schallvorgänge erwähnt, daß man selten scharfe Schallschatten beobachtet. Dies hat zum Teil darin seinen Grund, daß die Wellenlängen des Schalles verhältnismäßig groß sind und die Schirme oder Öffnungen, auf die die Schallwellen treffen, oft nicht viel größer sind als die Wellenlängen, so daß eine beträchtliche Beugung des Schalles auftritt. Mit kurzen Schallwellen kann man auch scharfe Schallschatten hinter mäßig großen Schirmen erhalten. Erzeugt man z. B. einen sehr hohen Ton durch Reiben der gerieften Haut von Daumen und Zeigefinger gegeneinander in einem Abstand von etwa 20 cm vor dem einen durch Watte verschlossenen Ohr, so kann man mit dem anderen Ohr den Ton nicht hören, weil der Kopf einen genügend gut begrenzten Schallschatten liefert. Daß man sehr kleine Öffnungen oder Schirme verwenden muß, um eine leicht beobachtbare Beugung des Lichtes zu erhalten, läßt sich also einfach durch die Kleinheit der Lichtwellenlänge erklären. In der Tat werden wir finden, daß diese kleiner ist als $^1/_{1000}$ mm. Die Öffnungen und Schirme im Wege des Lichtes sind also für gewöhnlich so groß, daß von der Beugung nur wenig zu merken ist. Da die Beugung bei rotem Licht ausgesprochener ist als bei blauem, können wir schließen, daß das rote Licht eine größere Wellenlänge und demnach eine kleinere Schwingungszahl besitzen muß als das blaue.

c) Huygens' Elementarwellen.

Im Jahre 1690 gab Ch. Huygens in seinem Traité de la lumière den ersten Entwurf einer materiell elastischen Wellentheorie des Lichtes. Diese Theorie fand indessen nur wenig

Anhänger. Man kann das verstehen. Die Ausbreitung des Lichtes im leeren Raum stand wohl ihrer Annahme vor allem im Wege. Es gelang H u y g e n s auch nicht, überzeugend zu zeigen, wie die scheinbar geradlinige Ausbreitung des Lichtes hinter genügend großen Hindernissen aus dem Wesen des Wellenvorgangs zu verstehen ist. Erst F r e s n e l und in aller Strenge K i r c h h o f f haben dies richtig erklärt. Nehmen wir diese geradlinige Ausbreitung, wie wir sie ja auch an Wasserwellen (Abb. 33) sehen können, zunächst einfach als Tatsache an, so können wir uns fragen, was dann eigentlich die Lichtstrahlen in einer Wellentheorie für eine Bedeutung haben. Auf Abb. 33 sehen wir nichts von solchen Strahlen. Wir können uns aber Linien zeichnen, die überall mit der Fortpflanzungsrichtung der Welle zusammenfallen. Diese Linien wären es dann, die wir als Strahlen bezeichnen. Ihr fiktiver Charakter wird nunmehr klar erkennbar. Wir wollen nebenbei bemerken, daß zwar meist, aber nicht immer die Lichtstrahlen senkrecht auf den Wellenflächen stehen.

Es wird nützlich sein, wenn wir uns nachträglich klarmachen, wie die Wellenvorstellung die Lichtzurückwerfung und Lichtbrechung erklärt.

In Abb. 34 sehen wir, daß ein Punkt des Mediums, in dem sich eine Welle fortpflanzt, selbst zum Ausgangspunkt einer Elementarwelle wird, wenn die Wellenbewegung ihn ergreift. H u y g e n s schloß, daß durch das Loch im Schirm diese Elementarwelle nur beobachtbar wird, daß sie aber auch vorhanden ist, wenn kein Schirm da ist, und daß das gleiche von allen Punkten, über die die Welle hinwegläuft, gilt. Er zeigte, daß man oft bequemer auf die Ausbreitung einer Welle zu einer späteren Zeit schließen kann, wenn man diese Ausbreitung nicht vom Ursprungspunkt aus verfolgt, sondern zusieht, wie die Elementarwellen von geeignet gewählten Stellen der Störung sich fortpflanzen.

H u y g e n s machte hierbei die einfache Annahme, daß eine merkliche Lichterregung nur auf der gemeinsamen Berührungsfläche der Elementarwellen vorhanden ist. Diese Annahme genügt schon, um die Reflexion und Brechung des Lichtes aus der Wellenvorstellung zu verstehen.

Wenn das parallele Lichtbündel a—b, der Abb. 35 also, in der Sprache
der Wellentheorie ein begrenzter Ausschnitt einer ebenen Welle, schräg von
links auf eine spiegelnde Fläche trifft, erreicht der rechte Rand im Punkte c
den Spiegel früher als der linke. Die Streifung soll die Wellenberge darstellen. Die von c ausgehende Elementarwelle hat sich schon bis zu einem
Radius, der gleich ist $e\,f$, ausgebreitet, wenn der linke Rand des Bündels
den Spiegel gerade erreicht. In der Abb. 35 sind auch die Elementarwellen
von einigen Punkten zwischen c und e eingetragen. Sie haben um so kleinere
Radien, je näher der betreffende Punkt an e liegt, weil die einfallende Welle
die Punkte zeitlich nacheinander erregt. $e\,f$ ist die gemeinsame Berührungs-
linie der Elementarwellen und damit die reflektierte Wellenfront. Man sieht
aus der Abbildung, daß Einfallswinkel und Reflexionswinkel einander
gleich sind.

Das Zustandekommen der Lichtbrechung zeigt Abb. 36. $c\,e$ sei die ebene
Grenze zwischen zwei Stoffen 1 und 2. Das Medium 1 möge etwa der leere
Raum sein. In 1 soll die Lichtgeschwindigkeit größer sein als in 2. $a\,b$ ist

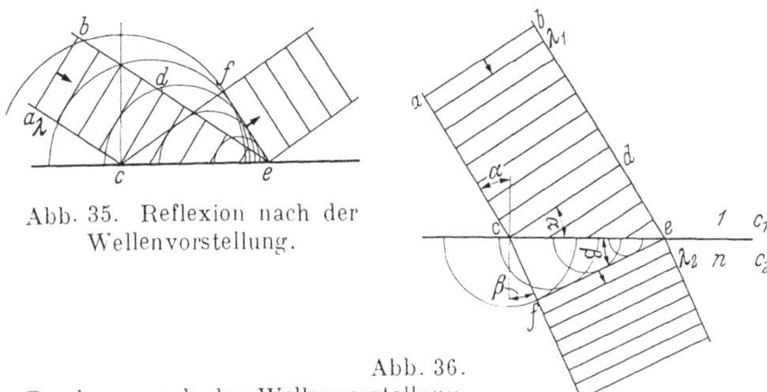

Abb. 35. Reflexion nach der
Wellenvorstellung.

Abb. 36.
Brechung nach der Wellenvorstellung.

wieder das Stück einer ebenen Welle. Während das Licht in 1 die Strecke
$d\,e$ zurücklegt, legt es in 2 nur die Strecke $c\,f$ zurück. Die Abbildung zeigt
die von mehreren Punkten der Grenzfläche ausgehenden Elementarwellen
im 2. Medium. Ihre gemeinsame Berührungsgerade ist $f\,e$.

Das Lichtbündel ist zum Einfallslot geknickt. Man liest aus der Abbildung ab, daß

$$\frac{\sin\alpha}{\sin\beta} = \frac{d\,e}{c\,f} = \frac{c_1}{c_2} = n = \frac{\lambda_1}{\lambda_2},$$

wenn c_1 und c_2 die Geschwindigkeiten des Lichtes im Medium 1 bzw. 2 bedeuten. Dies ist aber das Brechungsgesetz, und man erkennt, daß der Brechungsexponent n nichts weiter ist als das Verhältnis der Lichtgeschwindigkeit im leeren Raum zu der in dem betrachteten Stoffe. Man ersieht auch,
daß die Wellenlängen einer Welle von gegebener Frequenz in den beiden
Mitteln sich verhalten wie die zugehörigen Lichtgeschwindigkeiten.

Der Brechungsexponent des Wassers ist 4/3. Die Lichtgeschwindigkeit im Wasser beträgt daher nach der Wellentheorie nur drei Viertel von der im leeren Raum. Die Kor-
puskulartheorie des Lichtes konnte die Lichtbrechung nur

unter der entgegengesetzten Annahme erklären, daß die
„Lichtteilchen" in dichteren Stoffen wie Glas oder Wasser
schneller laufen als in Luft oder im leeren Raum. Foucault
bestimmte die Lichtgeschwindigkeit des Lichtes in Wasser,
indem er in seinem Apparat (Abb. 21) zwischen die beiden
Spiegel ein mit Wasser gefülltes Rohr stellte. Er fand, daß
die Lichtgeschwindigkeit in Wasser tatsächlich nur $^3/_4$ von der
in Luft beträgt. Damit wurde erst im Jahre 1850 die Wellentheorie des Lichtes endgültig abgeschlossen. Abb. 37 zeigt,
wie die Abbildung eines leuchtenden Punktes P durch eine

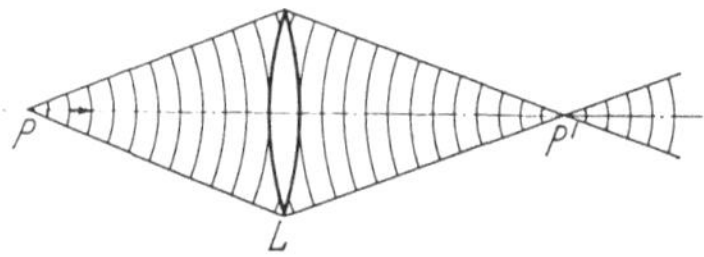

Abb. 37. Abbildung eines leuchtenden Punktes durch eine Linse nach
der Wellenvorstellung.

Linse zustande kommt. In der
Mitte ist die Linse dicker, die
Wellen werden deshalb dort
auf einer größeren Strecke
verzögert. Das bewirkt, daß
die Welle nach dem Durch-
gang durch die Linse ent-
gegengesetzt gekrümmt ist und
wieder in einen Punkt P zusammenläuft. Von diesem divergiert
sie dann wie von einem wirklichen leuchtenden Punkt.

V. Interferenz von Wellen.

Ein Vorgang, den man als Interferenz bezeichnet, ist
äußerst kennzeichnend für jeden Wellenvorgang, und wir
müssen ihn daher näher betrachten. Eigentlich ist das Wort
„Interferenz" nicht glücklich gewählt, denn es besagt ungefähr soviel wie „gegenseitige Beeinflussung", in der eng-
lischen Sprache geradezu „Störung". Wir werden aber sehen,
daß die Interferenz von Wellen dadurch zustande kommt,
daß zwei Wellenvorgänge, die gleichzeitig am gleichen Ort
vorhanden sind, völlig unabhängig voneinander verlaufen,
sich also gerade nicht stören.

Daß zwei Wellenvorgänge sich gegenseitig nicht stören,
kann man leicht sehen, wenn man die Wellen auf einer Wasseroberfläche beobachtet. Die Wellen können irgendeinen
anderen Wellenzug, z. B. am Heck eines Schiffes, kreuzen.

36

Wenn sie diesen Wellenzug passiert haben, laufen sie unverändert weiter, geradeso, als wären sie keiner zweiten Welle
begegnet. Wenn ein Wasserteilchen von zwei Wellenbewegun-
gen gleichzeitig er-
griffen wird, so ist
die Verschiebung, die
das Teilchen erfährt,
eine ungestörte Über-
lagerung der beiden
Verschiebungen, die
jede Welle einzeln
hervorrufen würde.
Wenn daher die Ver-
schiebungen, die ein
Teilchen gleichzeitig
durch zwei Wellen-
vorgänge erfährt, z.B.
gleich groß und ent-
gegengesetzt gerich-
tet sind, so bleibt das
Teilchen in Ruhe;
sind die Verschie-
bungen gleichgerich-
tet, so ist die Ver-
schiebung doppelt so
groß wie im Falle
einer einzigen Welle.
Dieses schon von
H u y g e n s formu-
lierte Prinzip der Su-
perposition bedingt
das Zustandekommen von Interferenzen.

Abb. 38 a.

Abb. 38 b.

Abb. 38 a u. b. Interferenz von Wasserwellen.
(Aus G r i m s e h l - T o m a s c h e k , Lehrbuch
der Physik 5, B. G. Teubner, Leipzig.)

Man kann den Vorgang an Schallwellen oder Wasserwellen
leicht beobachten. Abb. 38 a, b zeigt eine Momentaufnahme
von zwei Kreiswellen, die gleichzeitig an der Oberfläche des
Wassers erregt werden. Abb. 39 ist ein schematisches Bild

des gleichen Vorgangs. Längs der punktierten Linien erleiden die Wasserteilchen gleich große und entgegengesetzte Verschiebungen. Hier ist deshalb keine Bewegung vorhanden.

Längs der ausgezogenen Linien wirken die Wellen gleichsinnig, Berg fällt auf Berg und Tal auf Tal. Wir bekommen deshalb eine Verdoppelung der Ausschläge. Die Interferenz einer direkten mit der am Ufer reflektierten Wasserwelle zeigt Abb. 40. Diese schöne Aufnahme wurde von Regener am Bodensee gemacht.

Abb. 39. Schema der Interferenz von zwei Kreiswellen.

Abb. 40. Interferenz einer Wasserwelle mit der am Ufer reflektierten Welle. (Nach Regener.)

Läßt man zwei gleiche geeignete Schallquellen nebeneinander tönen, so gibt es Stellen in der Umgebung, in denen nichts zu hören ist, und solche, in denen der Ton wesentlich lauter ist als bei einer Schallquelle allein. Die Erklärung ist genau die gleiche. Wenn man in diesem Falle manchmal sagt, Schall zu Schall addiert, könne unter Umständen Stille ergeben, so darf man das nicht falsch auffassen. Jedenfalls kann der Vorgang der Interferenz keine Vernichtung von Schallenergie bedingen, sondern nur eine andere räumliche Verteilung. Dort, wo die Amplitude verdoppelt ist, haben wir eine Vervierfachung und nicht nur eine Verdoppelung der Schallintensität; denn eine Schwingung der doppelten Amplitude hat die vierfache Energie (S. 6). Was also an Energie an dem Ort der Stille verschwindet, findet sich wieder an den Stellen größerer Lautstärke.

a) Interferenz des Lichtes.

Wenn Licht, das von einer schwachen Lichtquelle kommt, unterwegs von dem starken Lichtbündel eines Scheinwerfers durchkreuzt wird, so tritt dadurch keinerlei Störung des schwachen Lichtes auf. Wir können keinerlei Veränderung daran bemerken. Diese Erfahrung, daß einander durchkreuzende Lichtbündel einander nicht stören, können wir als Folge des Superpositionsprinzips von Wellen verstehen. Wenn das Licht ein Wellenvorgang ist, müssen aber auch zwei Lichtquellen unter Umständen an einzelnen Stellen erhöhte Helligkeit, an anderen Dunkelheit, also Interferenzen, erzeugen. Thomas Young (1773—1829) hat als erster diese Erscheinung in ihrer einfachsten Form aufgefunden und richtig gedeutet. Auf den ersten Blick scheint hier eine Schwierigkeit aufzutreten. Wir besitzen nämlich keine ausgedehnten Lichtquellen, die so wie Stimmgabeln eine große Reihe von einfachen gleichartigen Schwingungen ausführen. In einer Flamme oder dem glühenden Draht einer elektrischen Lampe müssen wir uns eine ungeheure Anzahl von Atomen der Materie vorstellen, die die Lichtschwingungen erzeugen. Die Vorgänge in der Lichtquelle sind außerordentlich stürmisch und ungeordnet. Es werden zahllose Schwingungen aller möglichen Frequenzen der zahllosen Atome in jedem Augenblick durch Zusammenstöße mit Nachbaratomen teils neu begonnen, teils wieder abgebrochen und gestört. Es ist daher völlig unmöglich, zwei ganz gleichartige Lichtquellen herzustellen. Jede solche Lichtquelle gleicht etwa einer brausenden Orgel, auf der der Organist eine ganz beliebige Zahl von Tönen erklingen läßt. Alle die zahllosen Lichtwellen, die z. B. von einer Kerzenflamme ausgehen, ergeben daher mit Wellen, die von einer anderen Kerzenflamme ausgesandt werden, niemals Interferenzen. Wenn die beiden Kerzen eine weiße Wand beleuchten, so wird die gleichmäßige Beleuchtung einfach doppelt so groß wie bei der Wirkung einer Kerze. Die Vermehrung der Kerzenzahl ist deshalb die einfachste Art, wie wir die Beleuchtung unserer Räume steigern können, ohne daß irgendwo abwechselnd Stellen vermehrter Helligkeit und völliger Dunkelheit entstehen.

Man darf hieraus indessen nicht schließen, daß es aus Mangel an geeigneten Lichtquellen unmöglich ist, Interferenzen mit Licht zu erhalten.

Seit der ersten Erwähnung der kennzeichnenden Färbung von Flammen durch bestimmte Metallsalze, die man schon bei Paracelsus findet, hat es über drei Jahrhunderte gedauert, bis Robert Bunsen und Gustav Kirchhoff (1860) das Geheimnis dieser farbigen Flammen ergründeten. Seitdem wissen wir, daß die Atome der Materie, wenn sie genügend weit von ihren Nachbarn entfernt sind, wie es in nicht zu dichten Gasen oder Dämpfen der Fall ist, und auf irgendeine Weise zum Leuchten erregt werden, nur ganz bestimmte, für jede Atomart kennzeichnende Lichtfrequenzen aussenden können.

Wenn man in eine nicht leuchtende Flamme eine Spur eines Stoffes einführt, der das Metall Natrium enthält, z. B. etwas gewöhnliches Kochsalz, so entsteht Natriumdampf. Die Flamme wird intensiv gelb gefärbt. Die Natriumatome werden bei ihren heftigen Zusammenstößen zum Leuchten erregt und liefern dabei das gelbe Licht, das aus einer fast ganz einheitlichen Frequenz besteht. Ein bestimmtes Element liefert aber für gewöhnlich nicht nur eine einzige Frequenz, sondern mehrere verschiedene, aber ganz bestimmte Frequenzen. Man kann indessen durch geeignete farbige Glasscheiben aus solch einem Gemisch „homogenes" Licht von einheitlicher Frequenz ausfiltern. Nicht nur durch salzhaltige Flammen, sondern auch auf mancherlei andere Weise kann man solch ein homogenes Licht erhalten.

Geeignete Lichtquellen sind: der elektrische Lichtbogen und Funken zwischen Metallelektroden, die Quecksilberbogenlampe und die elektrische Glimmentladung in verdünnten Gasen, die heutzutage von den Reklameleuchtröhren allgemein bekannt ist. (Näheres siehe „Lichtquellen".)

Eine gelb leuchtende Natriumflamme ist etwa einer großen Zahl von Stimmgabeln vergleichbar, die alle den gleichen reinen Ton liefern, von denen aber in einem bestimmten Augenblick viele neu erregt und viele tönende wieder angehalten werden, so daß doch noch ein großes Durcheinander von Wellen entsteht. Auch mit dem Lichte zweier Natriumflammen kann man deshalb keine Interferenzen bekommen. Wenn wir das Licht von nur zwei gleichartigen, ungestört leuchtenden Atomen beobachten könnten, müßte dieses Licht allerdings ebenso interferieren wie die Schallwellen von zwei gleichartigen Stimmgabeln. Das läßt sich aber nicht nachprüfen.

Es gibt einen Weg, diese Schwierigkeit zu umgehen. Man braucht nur das Licht einer einzigen Lichtquelle durch Spiegelung, Brechung oder auf irgendeine andere Weise in zwei Anteile zu spalten und die beiden Anteile, nachdem sie etwas verschieden lange Wege durchlaufen haben, wieder zu vereinigen. Man kann sagen, daß man auf diese Weise gewissermaßen eine genaue Kopie der einen Lichtquelle herstellt. Das Licht dieser Lichtquellen, der wirklichen und der Kopie, ist nun interferenzfähig, weil jedes leuchtende Atom seinen Zwilling in der Kopie besitzt. In Wirklichkeit verhält sich die Sache so, daß immer nur Licht, das vom gleichen Atom ausgesandt wurde und verschiedene Wege zurückgelegt hat, zur Interferenz kommt.

Ein besonders einfacher Interferenzversuch, der sogenannte Spiegelversuch von Lloyd, wird das sogleich klarmachen. Bei diesem Versuch wird das direkte Licht mit dem an einer Glasplatte gespiegelten zur Interferenz gebracht. S in Abb. 41

ist ein mit Natriumlicht beleuchteter enger Spalt und P eine Spiegelglasplatte. Der Spalt muß in Wirklichkeit sehr nahe an der Ebene des Spiegels aufgestellt sein, so daß das Licht fast streifend auf den Spiegel fällt. Unter diesen Umständen reflektiert die Glasplatte das Licht auch fast vollständig wie ein Metallspiegel, so daß das direkte und das reflektierte Licht gleiche Stärke haben. Das reflektierte Licht kommt scheinbar von dem „Spiegelbild" S' des Spaltes S. S und S' sind deshalb die vollkommen gleichen Lichtquellen, von denen oben die Rede war. Die Überschneidung beider Lichtwellen erzeugt nun in der Tat ein System von zahlreichen hellen und dunkeln Interferenzstreifen, die man auf dem weißen Schirm W beobachten kann. Abb. 40 zeigt eigentlich diesen Versuch mit Wasserwellen.

Wir wollen uns noch schnell überlegen, wie sich die Größe der Lichtwellenlänge aus solchen Versuchen ergibt. Vom Schirm aus gesehen, erscheinen die Lichtquellen S und S' unter einem Winkel φ,

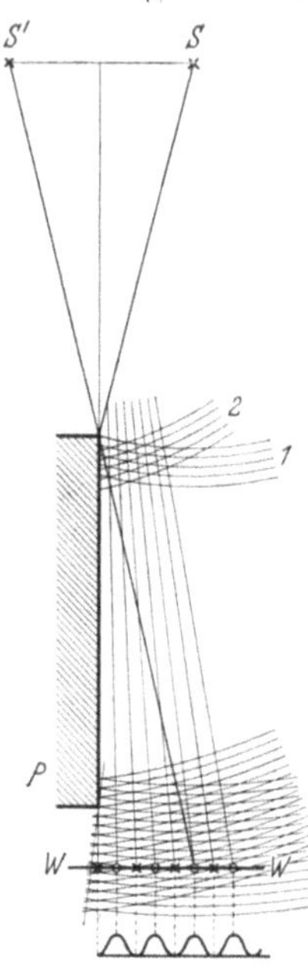

Abb. 41. Schema des Lloydschen Interferenzversuches.

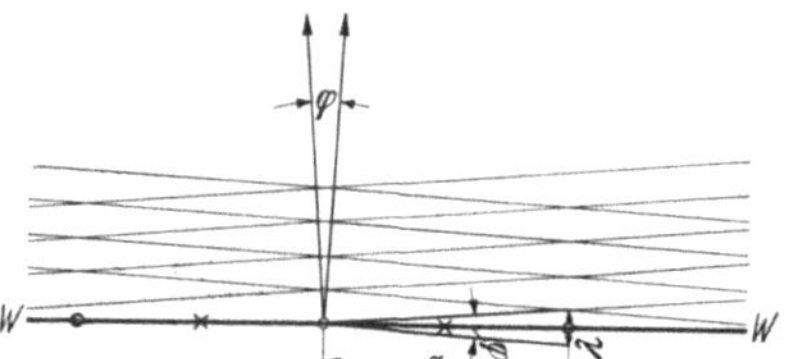

Abb. 42. Zur Bestimmung der Wellenlänge des Lichtes bei einem Interferenzversuch.

den man leicht messen kann. Der Abstand zweier heller oder zweier dunkler Interferenzstreifen sei a cm. Aus Abb. 42 erkennt man, daß der Winkel φ in Bogenmaß gemessen[1] gleich ist λ/a.

Beträgt der Winkel φ z. B. 20 Bogenminuten oder in Bogenmaß 0,0058, so ist der Abstand der Interferenzstreifen, wenn wir das gelbe Natriumlicht verwenden, nahezu $1/_{100}$ cm. Daraus folgt für die Wellenlänge des Natriumlichtes $\lambda = \dfrac{0,0058}{100}$ cm $= 5,8$ hunderttausendstel cm oder 580 mμ[2] oder

---

[1] Das Bogenmaß gibt die Länge des Kreisbogens auf dem Kreis vom Radius 1, die dem Zentriwinkel φ entspricht.

5800 Ångströmeinheiten[1], also ein sehr kleiner Wert. (Der genaue Wert für λ der gelben Natriumstrahlung ist 5890 Å.) Die Schwingungszahl dieses Lichtes ergibt sich durch Division der Lichtgeschwindigkeit durch die Wellenlänge zu $\nu = \dfrac{c}{\lambda} = \dfrac{3 \cdot 10^{10}}{5{,}8 \cdot 10^{-5}} = 5{,}17 \cdot 10^{14}\ \mathrm{sec}^{-1}$, also über 500 Billionen Schwingungen in der Sekunde.

Homogenes rotes Licht liefert breitere, homogenes violettes schmälere Interferenzstreifen, und die Streifenabstände verhalten sich wie die Wellenlängen. Man findet etwa $\lambda = 4000$ Å für das kurzwelligste sichtbare Violett und etwa $\lambda = 7500$ Å für das langwelligste sichtbare Rot. Die Messung so kleiner Längen ist, wie man sieht, zurückgeführt auf die Messung einer viel größeren Länge, nämlich des Streifenabstandes, und eines noch bequem meßbaren Winkels.

Beleuchtet man den Spalt statt mit homogenem Licht einfach mit weißem Licht, so zeigt sich merkwürdigerweise, daß man jetzt ebenfalls Interferenzstreifen erhält. Die Zahl der Streifen ist aber nur gering, und sie sind überdies nicht einfach hell und dunkel, sondern sehen farbig aus. *Das muß so sein, wenn das weiße Licht alle möglichen Wellenlängen des sichtbaren Lichtes enthält.* Die verschieden breiten Streifensysteme der verschiedenen einfarbigen Lichter überlagern sich dann, und nur bei fast genau gleichen Lichtwegen, also bei sehr kleinen Gangunterschieden von nur einigen wenigen Wellenlängen, sind die Stellen größter Helligkeit oder größter Dunkelheit für mehrere Wellenlängen einigermaßen in Übereinstimmung, so daß noch deutliche Interferenzen entstehen. Die Farbigkeit der Streifen kommt dadurch zustande, daß an einer Stelle, an der gerade ein dunkler Streifen für eine bestimmte Wellenlänge liegt, diese Wellenlänge im Lichte fehlt. Das Auge sieht dann an dieser Stelle nicht mehr Weiß, sondern eine Mischfarbe. (Näheres s. S. 95.) Mit weißem Licht sind Lichtinterferenzen auch zuerst beobachtet worden, und schon Newton war eine sehr einfache Anordnung bekannt, mit der man kreisförmige Interferenzringe erhält. Mit der Korpuskeltheorie des Lichtes war es natürlich sehr schwierig, diese Erscheinung zu erklären.

---

[1] $1\ \mathrm{m}\mu = {}^{1}\!/_{1000000}\ \mathrm{mm}$, $1\ \text{Å} = 10^{-8}\ \mathrm{cm} = {}^{1}\!/_{10}\ \mathrm{m}\mu$.

Bei einer Schallwelle, die von einer Stimmgabel ausgesandt wird, können wir genau sagen, daß es eine homogene Sinuswelle ist. Beim homogenen Licht können wir den Schwingungsvorgang in der Lichtquelle nicht unmittelbar verfolgen. Man kann aber leicht ausrechnen, wie die Lichtintensität innerhalb eines Interferenzstreifensystems verteilt sein muß, wenn zwei genau sinusförmige Wellenzüge interferieren. Das Ergebnis zeigt Abb. 41 unten. Man sieht, daß nahezu scharfbegrenzte, ganz dunkle Stellen mit dazwischen nach der Mitte hin zunehmender Helligkeit auftreten müssen. Die beobachtete Intensitätsverteilung in den Interferenzen zweier Wellen homogenen Lichtes stimmt gut mit der so berechneten überein. Licht ganz einheitlicher Wellenlänge können wir aber in der Natur doch nicht vorfinden. Nur einen unendlich langen sinusförmigen Wellenzug ohne Anfang und Ende können wir als völlig homogenes Licht bezeichnen. Man hat deshalb wohl etwas scherzhaft bemerkt, daß allein die Tatsache, daß man eine Lichtquelle anzünden und auslöschen kann, beweise, daß es kein ganz homogenes Licht gibt. Homogenes Licht müßte bei beliebig großen Gangunterschieden noch Interferenzen geben. Der größte Gangunterschied zweier Wellen besonders homogenen Lichtes, bei dem man noch Interferenzen erhalten konnte, beträgt aber nur etwa 2 Millionen Wellenlängen (Wegunterschied 1 m). Wir können uns das so deuten, daß die einzelnen Atome höchstens etwa 2 Millionen ungestörte, regelmäßige Schwingungen ausführen können. Es bedeutet weiter, daß die Wellenlängen, die dies Licht enthält, sich nicht mehr als um 5 Zehnmillionstel der Wellenlänge unterscheiden. Das Licht ist also in der Tat außerordentlich homogen. Wenn die Frequenz des Lichtes etwa 600 Billionen Schwingungen pro Sekunde beträgt, so beanspruchen 2 Millionen Schwingungen doch nur den 300. Teil von einer millionstel Sekunde. In solchen kleinen Zeitintervallen dürfen deshalb z. B. noch Zusammenstöße der leuchtenden Atome erfolgen, welche die Schwingungen stören. Die Zeit zwischen zwei Zusammenstößen, die ein Molekül in der Luft mit anderen Molekülen erfährt, wenn der Luftdruck auf etwa den zwanzigsten Teil einer Atmosphäre erniedrigt ist, ist ungefähr ebenso groß. Die Größe des Wellenlängenbereichs, den eine solche angenähert homogene Lichtquelle aussendet, ist aber noch von einer Reihe anderer Umstände abhängig, deren Einzelheiten ziemlich verwickelt sind.

b) Interferenz und Beugung.

Der Interferenzversuch von L l o y d, und ähnliches gilt von vielen technischen Varianten, hat nichts mit der Beugung des Lichtes zu tun. Es gibt also zwar Interferenzvorgänge ohne Lichtbeugung, dagegen tritt Lichtbeugung niemals ohne Lichtinterferenz auf. Die durch Schirme oder durch kleine Öffnungen bedingte Lichtbeugung können wir ansehen als entstanden durch das Zusammenwirken der H u y g e n s schen Elementarwellen, die von den nicht abgeschirmten Teilen der einfallenden Welle ausgehen. Diese Elementarwellen interferieren miteinander, und dadurch entstehen die dunklen und hellen Streifen, die auf den Abb. 31 und 32 zu sehen sind. F r e s n e l hat zuerst die Interferenz der Elementarwellen bei der Beugung durch Öffnungen oder Schirme einfacher Gestalt berechnet. F r a u n h o f e r hat die gleichen Vorgänge unter einfacheren und übersichtlicheren Verhältnissen studiert.

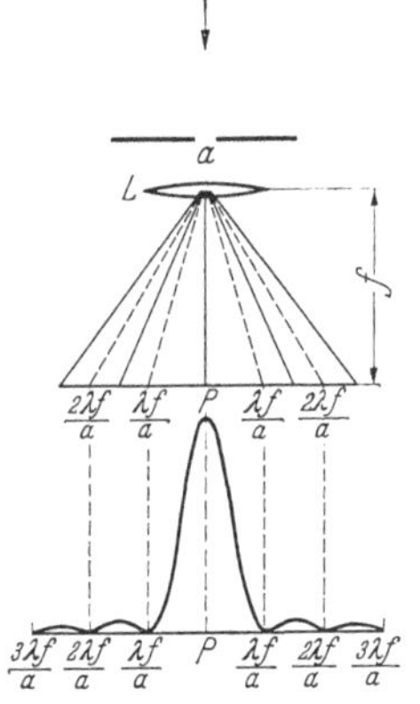

Abb. 43.
Zur Beugung an einem
Spalt (schematisch).

Wir betrachten zunächst als wichtiges Beispiel die Beugung an einem Spalt (Abb. 43). Wenn Licht der Wellenlänge λ, das von einer sehr fernen spaltförmigen Öffnung kommt, auf einen zweiten engen Spalt der Breite a cm auffällt und wir eine Linse L hinter den Spalt stellen, so wird auf einen Schirm S im Abstand der Linsenbrennweite f hinter der Linse ein Beugungsbild entstehen, dessen Helligkeitsverteilung leicht zu berechnen ist. Das Ergebnis ist das folgende:

An der Stelle P gerade hinter der Spaltmitte ist die Helligkeit am größten. Nahezu in den Abständen $\dfrac{\lambda f}{a}, \dfrac{2\lambda f}{a}, \dfrac{3\lambda f}{a}, \ldots$ usw. rechts und links von P ist Dunkelheit. Die Lichtwirkung in den zwischenliegenden Stellen verdeutlicht der untere Teil der Abb. 43. Man bekommt also eine mittlere, nach den Seiten abfallende Helligkeit und seitliche, weniger helle Beugungsstreifen mit dazwischenliegenden dunklen Streifen (Abb. 44). Wird die Spaltbreite a kleiner und kleiner gemacht, so wird der mittlere Streifen immer breiter, die seitlichen Streifen rücken nach außen, und wenn die Spaltbreite

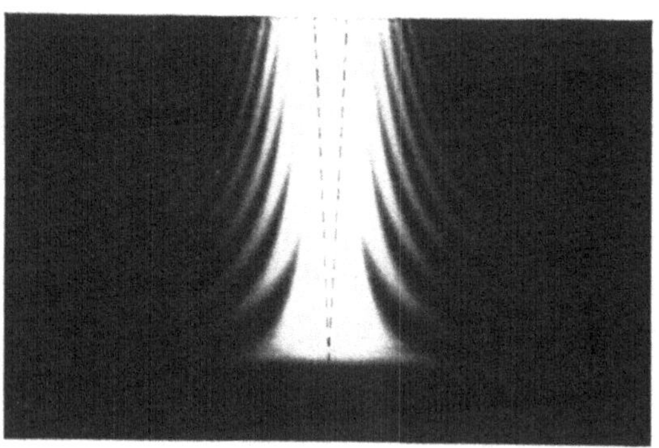

Abb. 44. Beugung an einem keilförmigen Spalt. (Nach Arkadiew.)

nur noch von der Größe der Lichtwellenlänge ist, ist nur eine allgemeine Helligkeit, die über den ganzen Schirm verbreitet ist, zu bemerken. Der beugende Spalt wirkt dann genau so wie eine selbständige Lichtquelle, die Licht nach allen Seiten aussendet, ganz wie wir das bei den Wasserwellen beobachtet haben.

Diese Ergebnisse stehen in völliger Übereinstimmung mit der Erfahrung. Wir wollen hier nur noch einen besonders merkwürdigen Fall etwas genauer betrachten. Wenn eine undurchsichtige Kreisscheibe von einer weit entfernten punktförmigen Lichtquelle beleuchtet wird, so muß genau im Mittelpunkt des geometrischen Schattens ein heller Punkt sichtbar sein. Ist die kreisförmige Scheibe sehr klein, oder

der Schirm, auf dem der Schatten beobachtet wird, von der
Kreisscheibe sehr weit entfernt, so ist dieses helle Zentrum geradeso hell, als wäre die Kreisscheibe gar nicht vorhanden. Die genauere Bedingung hierfür ist die, daß der
Abstand vom Schirm nach dem Rand der Kreisscheibe nur
um eine oder einige wenige Lichtwellenlängen größer sein
darf als die Entfernung nach dem Scheibenmittelpunkt. Beträgt z. B. der Abstand des Schirmes von der Kreisscheibe
8 m und der Durchmesser der Kreisscheibe 4 mm, so ist der
erwähnte Unterschied der Abstände gerade $5 \cdot 10^{-5}$ cm, also
etwa gleich einer Wellenlänge. Wenn
die Kreisscheibe einen Durchmesser
von 40 mm hat, so muß der Schirm
schon 800 m entfernt sein, damit die
gleiche Bedingung erfüllt ist.

Als Poisson diese Folgerung aus
der Theorie von Fresnel zog, erschien es so widersinnig, daß gerade
im Mittelpunkt des Schattens große
Helligkeit auftreten soll, daß man geneigt war, die ganzen Überlegungen
Fresnels für falsch zu halten

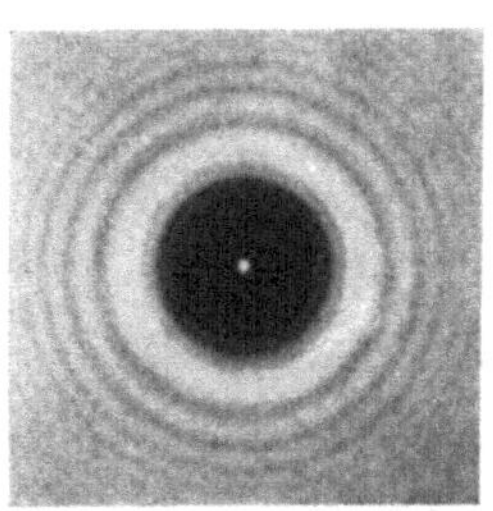

Abb. 45. Beugung an
einer Kreisscheibe. (Nach
Arkadiew.)

Arago führte indessen den sehr einfachen Versuch aus
und bestätigte die Voraussage. Abb. 45 zeigt eine Aufnahme
dieser Beugungserscheinung. Abwechselnd dunkle und helle,
bei weißem Licht farbige Ringe umgeben den hellen Mittelpunkt. Auch dies steht in Übereinstimmung mit der Rechnung. Schon fast hundert Jahre früher hatte Delisle den
hellen Zentralpunkt im Schatten einer Kreisscheibe beobachtet. Der Versuch war aber in Vergessenheit geraten.

Die Beugung an einer runden Öffnung sieht ähnlich aus
wie die an einer runden Scheibe, nur ist der Mittelpunkt je
nach der Größe der Öffnung und dem Schirmabstand hell
oder dunkel. Ist die Kreisscheibe genügend groß oder der
Schirm S nicht genügend weit von ihr entfernt, so verschwindet die Beugungserscheinung schließlich, und man sieht nur
den lichtlosen Schatten. Fresnel konnte zeigen, daß dann
in der Tat die Interferenz aller Elementarwellen, die mit

47

verschiedenen Phasen einen im Schattenraum gelegenen Punkt erreichen, die Lichtwirkung Null ergibt, so daß außer einer schwachen Beugung am Schattenrand kein Licht hinter den Körper dringen kann. Haben wir statt einer schattenwerfenden Scheibe ein großes kreisrundes Loch in einem

Abb. 46. Einfache Anordnung zur Beugung an zwei Spalten.

Schirm, so geht das Licht ebenfalls als nahezu scharf begrenztes Bündel hindurch und liefert auf einem nicht zu fernen Schirm einen kreisförmigen hellen Fleck mit gleichmäßiger Helligkeit ohne merkliche Beugung. Damit war auch die geradlinige Ausbreitung der Lichtwellen dadurch erklärt, daß die Elementarwellen, die um das große Hindernis herumlaufen, sich durch Interferenz auslöschen. Wäre das nicht so, so gäbe es keinen dunklen Schatten und nicht die Dunkelheit der Nacht.

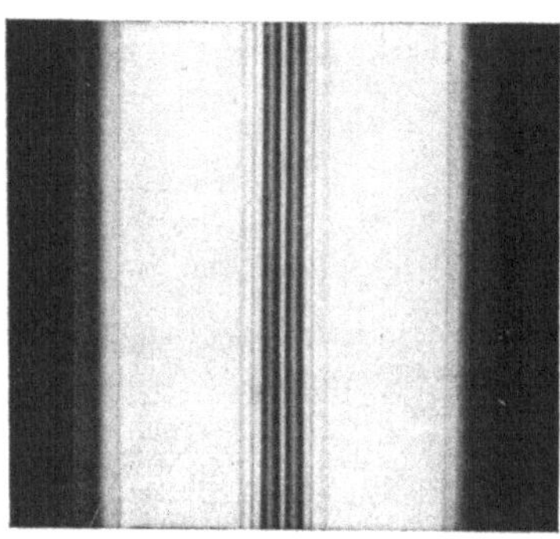

Abb. 47. Beugungserscheinung an zwei Spalten. (Nach Zenneck.)

An einer Beugungserscheinung hat auch Young die Erklärung der Lichtinterferenz zuerst gegeben. Jedermann kann sich leicht einen kleinen Apparat herstellen, mit dem sich der Versuch von Young in einfacher Weise wiederholen läßt. In Abb. 46 ist R ein Papprohr mit je einer Öffnung im Deckel und im Boden. Die eine Öffnung ist mit einem gewöhnlichen Spiegel S verschlossen, in dessen Silberbelag mit einem Rasiermesser zwei enge Spalte im Abstand von etwa $1/2$ mm eingeritzt sind. Vor die andere Öffnung ist eine gewöhnliche Lupe geklebt. Blickt man durch diesen Apparat gegen eine ferne lineare Lichtquelle (beleuchteter Spalt, gerader Faden einer Glühlampe usw.), wobei die Spalte der Lichtquelle zugekehrt und mit ihr parallel sein müssen, so sieht man ein System farbiger Interferenzstreifen ganz ähnlicher Art wie beim Spiegel von Lloyd. Der mittlere

48

Streifen ist weiß, weil hier der Gangunterschied für alle Wellen Null ist. Verdeckt man die eine spaltförmige Öffnung, so erhält man das Beugungsbild eines Spaltes. Die beiden Spalte wirken als interferenzfähige Lichtquellen, wenn die beleuchtende Lichtquelle genügend schmal und weit entfernt ist. Die Interferenzen kommen dann geradeso zustande, wie das Abb. 39 zeigt. Eine Aufnahme dieser Beugungs- und Interferenzerscheinung an zwei Spalten zeigt Abb. 47.

VI. Anwendungen der Interferenz und Beugung.

Die Anwendungen der Interferenz und Beugung in den verschiedensten Zweigen der Physik und der Meßkunde sind so überaus zahlreich, daß wir uns auf einige wenige Beispiele beschränken müssen.

a) Das Michelsonsche Interferometer.

Abb. 48 zeigt einen Interferenzapparat von Michelson, der sehr vielseitig verwendbar ist. L sei eine ausgedehnte Lichtquelle, die homogenes Licht liefert. Das Licht wird zur Hälfte an der auf der Rückseite halbdurchlässig versilberten Glasplatte G_1 nach dem Spiegel A reflektiert, geht den gleichen Weg zurück und tritt nach dem Durchgang durch G_1 in das Fernrohr F ein. Die andere Hälfte des Lichtes geht durch G_1 hindurch nach dem Spiegel B, geht den gleichen Weg zurück und gelangt nach Reflexion an G_1 ebenfalls ins Fernrohr. Die mit G_1 genau gleich dicke Glasplatte G_2 ist in den Strahlengang eingeschaltet, damit das Licht auf beiden Wegen genau gleich viel Glas durchsetzt. Wenn dann A und B von G_1 genau gleich weit entfernt sind, enthalten beide Wege auch genau die gleiche Anzahl von Wellenlängen. Die Glasplatten G_1 und G_2 müssen ganz eben und an allen Stellen bis auf kleine Bruchteile einer Wellenlänge gleich dick sein. Die vorne verspiegelten Glasplatten A und B müssen ebenfalls ganz eben sein. Ihre Ebenen stehen genau senkrecht aufeinander. Der Spiegel B kann mit einer sehr guten

Schraube auf einem Schlitten der Glasplatte G_1 um meßbare
Beträge genähert oder von ihr entfernt werden. Die beiden
Lichtwege können dadurch verschieden groß gemacht werden. Im Fernrohr, das auf paralleles Licht eingestellt ist,
sieht man die Interferenz der beiden Lichtbündel. Der Gangunterschied für verschieden geneigte parallele Strahlen-
bündel ist verschieden groß, so daß die Interferenzerscheinung aus abwechselnd hellen und dunklen, genau kreisrunden
Ringen (Abb. 49) besteht. Wenn man den Spiegel B ver-

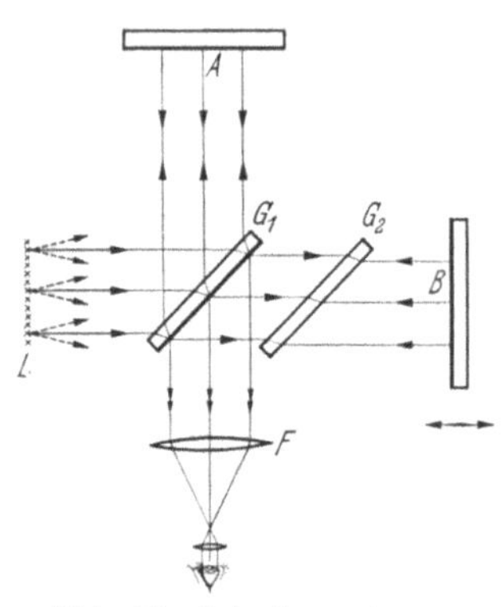

Abb. 48. Interferometer von
Michelson.

Abb. 49. Interferenzringe. (Nach Wood.)

schiebt, wird die Mitte des Ringsystems abwechselnd hell und
dunkel, je nachdem, ob für das auf die Spiegel senkrecht auffallende Licht der Gangunterschied auf beiden Wegen eine
ganze Anzahl von Wellenlängen oder ein ungerades Viel-
faches der halben Wellenlänge beträgt. Die Ringe scheinen
bei der Verschiebung des Spiegels B deshalb aus dem Zentrum herauszuquellen oder in das Zentrum hineinzuschlüp-
fen, je nachdem dieser Spiegel auf die Glasplatte G_1 zu oder
von ihr fort bewegt wird. Bei Verschiebung von B um nur
eine *halbe* Wellenlänge wird der Gangunterschied um eine
ganze Wellenlänge verändert. Dabei verschiebt sich jeder
helle oder dunkle Ring gerade um einen Ringabstand. Man
kann noch Bruchteile dieser Verschiebung messen.

Genaue Wellenlängenmessung:

Mit diesem Instrument ist es zunächst möglich, außerordentlich genaue Bestimmungen der Lichtwellenlänge auszuführen. Man braucht nur den Spiegel B um eine gemessene Strecke zu verschieben und zu zählen, wie viele Ringe dabei an einer festen, in der Brennebene des Fernrohrokulars angebrachten Marke vorbeiwandern. Die Spiegelverschiebung möge z. B. genau $0{,}25$ cm betragen. Der Gangunterschied ist dann um $2 \cdot 0{,}25 = 0{,}5$ cm geändert. Es mögen dabei genau $10\,000$ Ringe an der Marke vorübergewandert sein. Dann ergibt sich die Wellenlänge des benutzten Lichtes genau zu $\frac{0{,}5}{10\,000}$ cm $= 5 \cdot 10^{-5}$ cm.

Wenn das Licht sehr homogen ist, kann man dabei noch bei sehr großen Gangunterschieden, also bei einer sehr großen Verschiedenheit der beiden Lichtwege, Interferenzen beobachten. Michelson hat auf diese Weise die besonders homogene Strahlung des Kadmiumdampfes, die eine rote, eine blaue und eine grüne Wellenlänge enthält, untersucht. Die Verschiebung des Spiegels B wurde dabei direkt an das Pariser Normalmeter angeschlossen. So war es möglich, das Normalmeter in Längeneinheiten zu eichen, die uns von der Natur gegeben sind und als unveränderlich betrachtet werden können, nämlich in den Wellenlängen der Strahlung, die das Atom des Kadmiums ausstrahlt[1]. Von der großen Genauigkeit geben folgende Ergebnisse eine Vorstellung:

Länge des Urmeters bei $15°$ C und 76 cm Hg-Druck.

Rote Kadmiumlinie 1 m $= 1\,553\,163{,}5\ \lambda_r$ oder $\lambda_r = 6438{,}4722$ Å
Grüne   ,,   1 m $= 1\,900\,249{,}7\ \lambda_{gr}$,, $\lambda_{gr} = 5085{,}8240$ Å
Blaue   ,,   1 m $= 2\,083\,372{,}1\ \lambda_{bl}$,, $\lambda_{bl} = 4799{,}9107$ Å

Drei unabhängige Beobachtungen ergeben z. B. für die rote Cd-Strahlung:

$$1 \text{ m} = 1\,553\,162{,}7\ \lambda_l$$
$$1 \text{ m} = 1\,553\,164{,}3\ \lambda_r$$
$$1 \text{ m} = 1\,553\,163{,}6\ \lambda_r$$

Diese drei Werte unterscheiden sich nur um äußerst geringe Beträge, so daß die Länge des Urmeters bis auf unge-

---

[1] Man weiß heute, daß eine grüne Spektrallinie des Edelgases Krypton noch besser geeignet ist.

fähr eine Lichtwellenlänge des roten Cd-Lichtes oder 6 zehntausendstel Millimeter festgelegt ist.

Falls das Meter seine Länge mit der Zeit nur um einige tausendstel Millimeter ändern würde, könnte man das bei einer Wiederholung der Messung bemerken.

Messung sehr kleiner Längenänderungen.
Pflanzen wachsen sehen:

Es ist klar, daß man das Interferometer allgemein für die Messung sehr kleiner Längenänderungen oder auch Winkeländerungen (Verdrehungen) verwenden kann. A. Meißner hat diese Möglichkeit benutzt, um das Wachstum von Pflanzen unter verschiedenen äußeren Umständen in kurzen Zeiten zu verfolgen. Die Wachstumgeschwindigkeit ist von der Größenordnung $1/_{10\,000}$ mm pro Sekunde und deshalb nur bei sehr empfindlichen Hilfsmitteln in kurzer Zeit zu beobachten oder zu messen.

Die Anordnung Abb. 50 ist im wesentlichen ein vertikal angeordnetes Michelson-Interferometer, bei dem der eine Spiegel B durch sehr kleine Kräfte nach oben oder unten verschoben werden kann. Um das zu ermöglichen, ist der Spiegel B an einem leichten

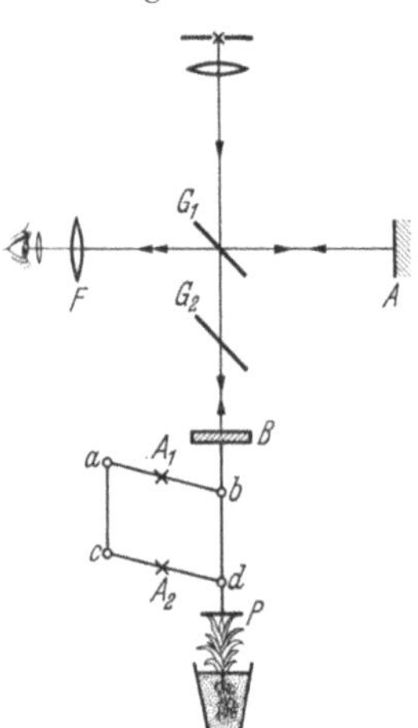

Abb. 50. Interferometer zur Beobachtung des Wachstums von Pflanzen.

Gestänge nach Art einer empfindlichen Briefwaage befestigt. a, b, c, d sind vier Gelenke, A_1 und A_2 zwei auf der Rückwand des Apparates befestigte Achsen. Wenn ein sehr kleiner Druck von unten nach oben auf die Platte P ausgeübt wird, wird der Spiegel B gehoben, wobei seine Ebene mit sich genau parallel bleibt. Der Druck auf P kann z. B. durch die Längenänderung einer Pflanze beim Wachsen ausgeübt werden. Wird der Spiegel um eine halbe Wellenlänge gehoben, so wandert *ein* Interferenzring an der festen Marke im Fernrohr vorbei. Wächst also die Pflanze, so ziehen dauernd die Interferenzringe durch das Gesichtsfeld, z. B. n Ringe in t sec. Dann ist die Wachstumgeschwindigkeit

$$v = \frac{n\,\lambda}{2\,t}.$$

Die Wellenlänge des Lichtes λ sei $5 \cdot 10^{-5}$ cm, und es mögen z. B. 4 Ringe in 10 sec an der Marke vorbeiziehen. Dann ist

$$v = \frac{4 \cdot 2{,}5}{10} \cdot 10^{-5} = 10^{-5}\ \text{cm/sec} = \frac{1}{10\,000}\ \text{mm/sec}.$$

Die Wirkung von giftigen oder narkotisierenden Dämpfen auf die Pflanze oder irgendwelche das Wachstum hemmende oder befördernde Einflüsse können augenblicklich bemerkt und messend verfolgt werden.

b) Die Durchmesser der Fixsterne.

Zwei Sterne, die um den gemeinsamen Schwerpunkt kreisen, bezeichnet man als Doppelsterne. Wenn sich die beiden Sterne in einem gegenseitigen Abstand befinden, der ungefähr so groß ist wie die Abstände im Sonnensystem, also z. B. $5 \cdot 10^8$ km, so erscheint das Sternenpaar von der Erde aus unter einem sehr kleinen Winkel, weil die Entfernung der Fixsterne so ungeheuer groß ist. Der nächste, mit bloßem Auge unter unseren Breiten sichtbare Fixstern, der Sirius, ist $8{,}3 \cdot 10^{13}$ km von der Erde entfernt, und das Licht braucht 8,8 Jahre, um vom Sirius zu uns zu gelangen. Eine Strecke von $5 \cdot 10^8$ km erscheint aus dieser Entfernung unter einem Winkel von 1,2 Bogensekunden. Zwei Lichtpunkte in einem gegenseitigen Abstand von 1 cm erscheinen aus einer Entfernung von 1,7 km unter dem gleichen Winkel. Das Auge sieht dann nur einen Punkt, weil die Bilder der beiden Punkte so nah beisammen sind, daß sie nur ein lichtempfindliches Element der Netzhaut erregen. Unser Auge vermag höchstens einen Winkel von etwa einer Bogenminute aufzulösen. Erst aus einer Entfernung von 35 m würde man die beiden 1 cm voneinander abstehenden, leuchtenden Punkte mit bloßem Auge getrennt sehen. Mit Hilfe eines geeigneten Fernrohres

kann man aber Winkel von einer Bogensekunde noch leicht
trennen. Doppelsterne, die einen so kleinen Winkel miteinander bilden, nennt man deshalb teleskopische Doppelsterne.
Es gibt freilich Doppelsterne, die so enge Paare bilden, daß
man sie bisher mit keinem Fernrohr hat trennen können.
Man weiß trotzdem, daß es Doppelsterne sind. Wir werden
später sehen, daß wir das mit Hilfe eines Spektroskops erfahren können. Man nennt sie deshalb spektroskopische Doppelsterne.

Noch schwieriger ist die Aufgabe, den Winkel zu messen,
unter dem uns die Scheibe eines Fixsterns erscheint. Kennt
man diesen Winkel und die Entfernung des Sterns, so erhält man den wahren Durchmesser des Sterns in Kilometern.
Die Sonne würde aus der Entfernung des Sirius unter einem
Winkel von nur 3 bis 4 tausendstel Bogensekunden erscheinen! Nicht nur mit bloßem Auge, sondern auch mit dem
größten Fernrohr sieht man Fixsterne nicht scheibenförmig,
wie die Planeten. Sie sind nur ausdehnungslose Punkte.

Wir müssen uns nun zunächst etwas über die Wirkung
eines Fernrohrs unterrichten.

Was leistet das Fernrohr?

Die Vergrößerung hängt nur von der Brennweite des Ob-
jektivs F und der Brennweite des Okulars f ab. Sie ist gleich
dem Verhältnis dieser Brennweiten F/f. Man begegnet nun
häufig der Meinung, das Fernrohr diene lediglich dazu, ferne
Gegenstände zu vergrößern. Wenn dies richtig wäre, wäre
es unverständlich, weshalb man Fernrohrlinsen mit so großem Durchmesser herstellt. Die Angabe, daß ein bestimmtes
Fernrohr eine so und so große Vergrößerung besitzt, unter-
richtet uns daher meist weniger über die Güte des Instru-
mentes als über das Maß der Kenntnisse dessen, der diese
Angabe macht. Die Fixsterne sehen wir z. B. mit dem Fernrohr nicht größer als mit bloßem Auge, wir sehen sie aber
heller, weil die große Fernrohrlinse mehr Licht aufnimmt
als die kleine Augenpupille und in beiden Fällen nur ein
Netzhautelement erregt wird. Eine leuchtende ausgedehnte

54

Fläche erscheint dagegen im Fernrohr höchstens ebenso hell wie bei Betrachtung mit bloßem Auge. Das Fernrohr nimmt zwar ebenfalls mehr Licht auf, doch wird dieses wegen der Vergrößerung auf eine größere Fläche auf der Netzhaut verteilt. Dies ist der Grund, weshalb man mit einem Fernrohr Fixsterne auch am Tage sehen kann. Die Sterne erscheinen heller als mit bloßem Auge, der Himmel aber nicht.

Die große Öffnung der Fernrohrlinse hat noch einen anderen Zweck. Am Rande der Objektivöffnung findet Lichtbeugung statt. Die Astronomen wissen schon seit langem, daß ein Fixstern bei Verwendung eines sehr stark vergrößernden Okulars im Fernrohr als kleines helles Scheibchen sichtbar wird, das von abwechselnd dunklen und hellen Ringen umgeben ist (Abb. 51 a). Das ist eine Folge der Interferenz des am Rande der Fernrohröffnung gebeugten Lichtes und hat nichts mit dem endlichen Durchmesser des Sterns zu tun. Die Beugungsfigur wird natürlich wieder um so kleiner, je größer der Objektivdurchmesser im Verhältnis zur Brennweite wird und je kleiner die Lichtwellenlänge ist.

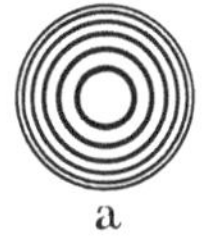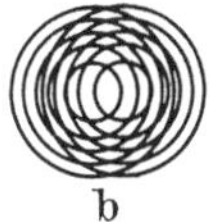

Abb. 51 a. Beugungsbild eines Fixsterns im Fernrohr. b. Beugungsbild eines Doppelsterns im Fernrohr.

Die Größe der letzteren können wir aber nicht ändern. Ein enger Doppelstern wird in einem Fernrohr bei hinlänglicher Vergrößerung gerade noch getrennt erscheinen, wenn der Mittelpunkt des Beugungsscheibchens des einen Sterns auf den ersten dunklen Ring des Beugungsscheibchens vom zweiten Stern fällt (Abb. 51b). Die nähere Betrachtung dieses Beugungsvorgangs zeigt, daß für die Trennung zweier Punkte, die unter einem Winkel von einer Bogensekunde erscheinen, ein Objektivdurchmesser von mindestens 12 cm erforderlich ist. Man muß ferner eine mindestens 6ofache Vergrößerung benutzen, damit der Winkel von einer Bogensekunde auf eine Minute, die Auflösungsgrenze des Auges, vergrößert wird. Nur dann kann die auflösende Kraft des Fernrohrs voll zur Geltung kommen.

Um $1/_{100}$ Bogensekunde zu trennen, würde ein Fernrohrobjektiv von mindestens 12 m Durchmesser und eine 6000-

fache Vergrößerung notwendig sein! Das größte Spiegelfern-
rohr der Welt, das zur Zeit in Amerika gebaut wird, soll
eine Öffnung von 5 m erhalten. Wenn die Optik vollkommen
wäre, könnte man mit diesem Fernrohr auf dem Monde noch
zwei Punkte von 50 m Abstand getrennt sehen. Die Vergrößerung müßte eine 3—4tausendfache sein. Eine wesentlich größere Okularvergrößerung bringt dann keinen Gewinn
mehr. Das im Fernrohr gesehene Bild würde nur größer
und lichtschwächer werden, aber keine weiteren Einzelheiten
zeigen. Wenn man eine mit dem Rasterverfahren hergestellte
Abbildung in einer Zeitschrift mit einer Lupe betrachtet,
merkt man bald, daß eine weitere Vergrößerung zwecklos
ist, wenn man schon die einzelnen Rasterelemente sieht. Das
größte, zur Zeit in Amerika benutzte Fernrohr mit einer Öffnung von 250 cm Durchmesser ist nicht ausreichend, um den
Winkeldurchmesser von Fixsternen zu beobachten oder zu
messen. So setzt die Wellennatur des Lichtes der Leistungsfähigkeit jedes Fernrohres schließlich eine Grenze, über die
auch die Kunst des Linsenoptikers machtlos ist. So große
Fernrohre wie das amerikanische kann man überdies nur bei
den günstigsten atmosphärischen Verhältnissen, wie sie an
besonders ausgesuchten Orten der Erde in geeigneten Näch-
ten vorliegen, ausnutzen.

Die Umwandlung des Fernrohres in ein Interferometer.

Bringt man vor der Linse des Fernrohres zwei Spalte an,
so verwandelt man es in ein Interferometer. Es handelt sich
um fast die gleiche Anordnung, die auf S. 48 beschrieben
ist. Das Bild eines Sterns wird nun als schmaler heller Streifen sichtbar, der von dunklen Stellen unterbrochen ist. Man
sieht also wieder ein System von Interferenzstreifen.

Der Winkel α, unter dem der Abstand eines hellen Streifens h (Abb. 52 a) und des benachbarten dunklen Streifens d,
von der Fernrohrlinse L aus gesehen, erscheinen würde, ist
ebenso groß wie der Winkel, unter dem die halbe Licht-

wellenlänge aus einer Entfernung, die gleich dem Spaltabstand s ist, erscheinen müßte, $\alpha = \dfrac{\lambda}{2s}$. Nehmen wir an, der beobachtete Stern wäre ein Doppelstern, vom Winkelabstand β, und beide Einzelsterne wären gleich hell. Jeder der Sterne liefert sein eigenes Streifensystem. Wenn β sehr viel kleiner ist als α, fallen die hellen und dunklen Streifensysteme sehr nahezu zusammen, und die Streifen sind dann deutlich sichtbar. Nun kann man die beiden Spalte s_1 und s_2 so einrichten, daß man sie einander nähern oder voneinander weiter entfernen kann. Vergrößert man den Abstand s, so wird α kleiner, d. h. die Streifenabstände werden kleiner. Wenn α gerade gleich dem Winkel β geworden ist, fällt jeder helle Streifen des einen Systems auf einen dunklen des andern Systems (Abb. 52b). Die beiden Streifensysteme sind um eine halbe Streifenbreite gegeneinander verschoben, und die Interferenzen werden daher unsichtbar [1].

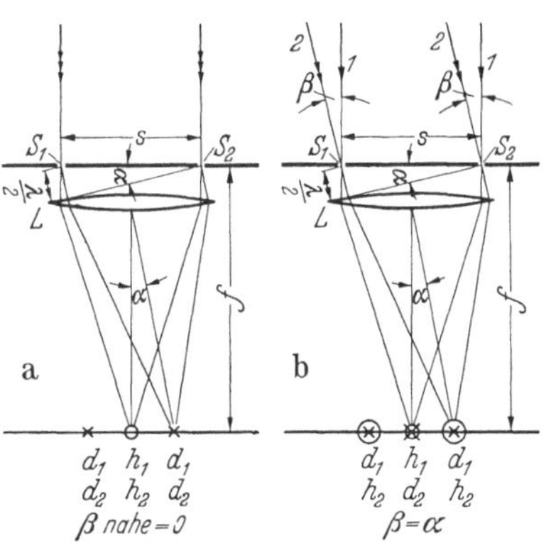

Abb. 52. a) Erklärung der Wirkung des Sterninterferometers. b) d_1, h_1 dunkle bzw. helle Streifen vom Stern 1; d_2, h_2 entsprechend von Stern 2.

Hat man auf diese Weise durch Änderung des gegenseitigen Abstandes der Spalte die Interferenzen zum Verschwinden gebracht, so kennt man den Winkelabstand des Doppelsterns, weil dann $\alpha = \beta = \dfrac{\lambda}{2s}$ wird. Ist z. B. $s = 5$ cm und λ (im Mittel) $5 \cdot 10^{-5}$ cm, so ist $\alpha = 5 \cdot 10^{-6}$ oder nahezu 1 Bogensekunde. Es genügt für diese Messung demnach ein Fernrohr von wenig mehr als 5 cm Linsendurchmesser.

---

[1] Aus der Abb. 52 ist alles dies zu entnehmen. Man muß sich nur ein wenig hineindenken.

Ein Fernrohr ohne Spalte müßte eine Öffnung von mindestens 12 cm haben, um diesen Doppelstern zu trennen.

Eine ähnliche Überlegung zeigt, daß die Interferenzen bei einem bestimmten Abstand der Spalte s auch dann verschwinden, wenn ein einfacher Stern betrachtet wird, weil der Stern eine Scheibe von endlichem, wenn auch sehr kleinem Winkel besitzt. Man kann deshalb zwar grundsätzlich auf diese Weise den Durchmesser der Sterne messen, doch wird das Verschwinden der Interferenzen erst bei sehr großem Spaltabstand eintreten, so daß man doch wieder sehr

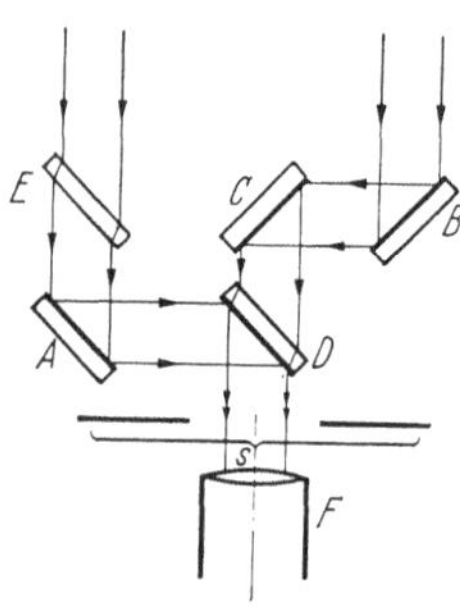

Abb. 53. Sterninterferometer von Michelson mit Spiegeln (schematisch).

große Fernrohrlinsen braucht. Diese Schwierigkeit kann nun behoben werden. Abb. 53 zeigt die Umwandlung des Spaltinterferometers in ein Spiegelinterferometer. An die Stelle der beiden Spalte treten die beiden Spiegel A und B, deren gegenseitiger Abstand veränderlich ist, und weitere Spiegel und Glasplatten leiten das Licht in eine Fernrohrlinse, die nun viel kleiner sein kann als der Abstand der Spiegel. Dieser Abstand kann also jetzt sehr groß gemacht werden. Das Spiegelinterferometer ist außerdem viel lichtstärker als das Spaltinterferometer.

Wir geben nun einige der wahrhaft erstaunlichen Ergebnisse, die mit solch einem Instrument, das ebenfalls vom Amerikaner Michelson erfunden worden ist, erzielt werden konnten:

Capella im Fuhrmann ist ein sehr enger Doppelstern. Er ist 53 Lichtjahre von uns entfernt. Die Interferenzen verschwanden erst bei einem gegenseitigen Abstand der Spiegel von 5,9 m! Daraus ergab sich der Winkelabstand des engen Paares zu 0,04 Bogensekunden. Der Winkeldurchmesser des Sterns Beteigeuze im Orion ergab sich zu 0,047 Bogensekunden. Der Stern ist 155 Lichtjahre ($1{,}47 \cdot 10^{15}$ km) von uns entfernt. Der wahre Durchmesser beträgt also 400 Millionen km, das ist fast ebensoviel wie der Durchmesser der

Marsbahn! Der Durchmesser des Antares ist 250 Millionen km, während der des Arktur im Bootes nur 22 Sonnendurchmesser beträgt.

c) Stehende Lichtwellen.

Bei allen Wellenvorgängen gibt es einen Interferenzvorgang, der häufig besonders geeignet ist, um Wellenlängen zu messen, das sind die „stehenden Wellen". Sie kommen durch Interferenz einer auf einen „Spiegel" senkrecht einfallenden Welle mit der reflektierten Welle zustande. Wenn eine Wasserwelle senkrecht gegen ein steiles Ufer läuft, kann man diese Erscheinung beobachten. Wie entsteht eine stehende Welle? Abb. 54a zeigt ein langes Seil, dessen Ende in Schwingungen versetzt wird und dessen anderes Ende an der Wand befestigt wird. Die über das Seil laufende Welle wird an der Wand mit umgekehrter Phase zurückgeworfen, und wenn eine halbe Schwingungsdauer nach Ankunft der Welle an der Wand verflossen ist, wird der Zustand des Seiles

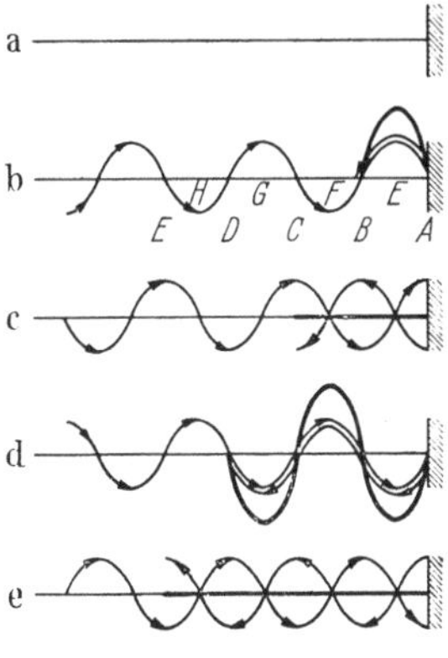
Abb. 54. Entstehung stehender Wellen.

durch b dargestellt. Die Abb. 54c, d und e zeigen den Zustand je um die Zeit einer halben Schwingungsdauer später. Dabei bedeutet die dick ausgezogene Linie das Ergebnis der Überlagerung beider Wellen. Was man schließlich bekommt, nennt man eine stehende Welle. In den Punkten A (an der Wand), B, C, D usw. ist, wie man sieht, dauernd Ruhe, in den Punkten E, F, G, H usw. sind die Schwingungen am größten, die Amplituden doppelt so groß wie in den Bergen und Tälern der einzelnen Wellen. Die Stellen, wo keine Bewegung ist, die Knoten der stehenden Wellen, und ebenso die Stellen größter Bewegung, die Bäuche, sind dauernd an der gleichen Stelle, und der Abstand der Knoten sowie der Bäuche untereinander beträgt eine halbe Wellenlänge.

Wenn man ein paralleles Lichtbündel homogenen einfarbigen Lichtes von einer fast vollständig reflektierenden Metallfläche reflektieren läßt, muß man ebenfalls solche stehenden Lichtwellen erhalten. Der Metallfläche parallele Ebenen
größter Helligkeit und völliger Dunkelheit müßten sich in
den sehr kleinen Abständen einer halben Lichtwellenlänge
abwechseln. Man kann das in der Tat folgendermaßen nachweisen: In Abb. 55 ist S eine dünne, sehr feinkörnige lichtempfindliche photographische Schicht auf einer Glasplatte G
und Hg eine reflektierende Quecksilberoberfläche. Von oben
wird mit parallelem Licht einheitlicher Wellenlänge belichtet.
Nach der Entwick-
lung müssen in der
photographischen

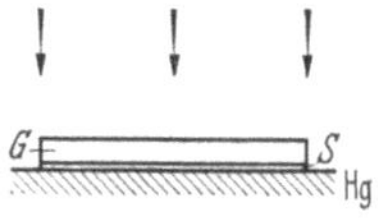

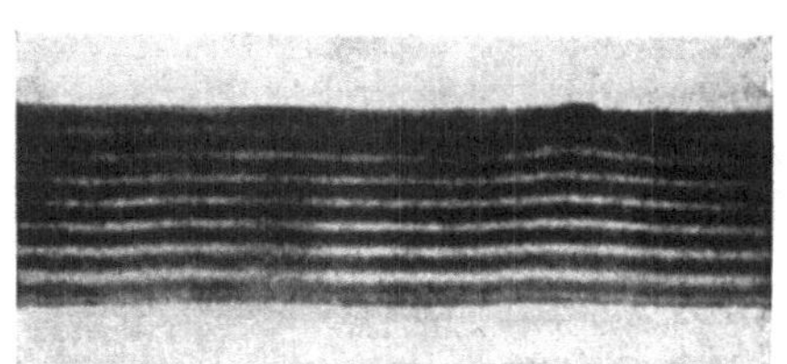

Abb. 55. Zum photo-
graphischen Nachweis
stehender Lichtwellen.

Abb. 56. Mikrophotographie des Schnittes einer
photographischen Schicht mit der Schwärzung
durch stehende Lichtwellen. (Nach Wood.)

Schicht abwechselnd geschwärzte und ganz ungeschwärzte
Ebenen parallel zur Oberfläche vorhanden sein.

Abb. 56 zeigt eine Mikrophotographie eines Schnittes durch
solch eine Schicht. Man muß ein sehr leistungsfähiges Mikroskop benutzen, um die enge Streifung noch auflösen zu
können. O. Wiener hat als erster solche stehenden Lichtwellen nachgewiesen. Betrachtet man die Platte, auf der eine
solche Aufnahme gemacht wurde, im senkrecht reflektierten
Tageslicht, so zeigt sie hell leuchtend genau die Farbe des
Lichtes, mit dem die Aufnahme gemacht wurde. Nur die
Wellenlänge, die mit dem doppelten Streifenabstand übereinstimmt, wird von allen Schichten in gleicher Phase reflektiert,
so daß Verstärkung durch Interferenz eintritt. Die übrigen
Wellenlängen werden so gut wie vollständig durch Interferenz ausgelöscht, wenn die Zahl der Knoten und Bauch-
ebenen in der Schicht genügend groß ist. Dies zeigt aufs
neue, daß im weißen Licht alle möglichen Wellenlängen

enthalten sein müssen. Hierauf beruht ein höchst geistvolles
Verfahren der Farbenphotographie von Lippmann, das
vorzügliche Aufnahmen liefert, aber durch andere einfachere
Verfahren fast vollständig verdrängt ist. Die alten Daguer-
reotypien, bei denen die lichtempfindliche Schicht auf Silber-
platten aufgetragen war, zeigen bisweilen einen Anflug von
Farbe, der auf die gleiche Weise zustande kommt. Für eine
genaue Messung der Wellenlänge des Lichtes sind die stehenden Wellen nicht geeignet, sie geben uns aber einen besonders schönen Beweis für die Wellennatur des Lichtes.

d) Das Beugungsgitter und das Spektrum.

Die Beugung des Lichtes durch zwei parallele Spalte hat
uns zu einer wichtigen Anwendung der Lichtinterferenz in
der Astronomie geführt. Wir werden erwarten, daß es nützlich sein wird, die Beugung nicht nur an zwei, sondern an
sehr vielen parallelen Spalten zu untersuchen, die in gleichen
Abständen durch undurchsichtige Zwischenräume getrennt
sind. Damit kommen wir zum optischen Gitter von Fraunhofer, einem der wichtigsten Hilfsmittel, um die Zusammensetzung des Lichtes aus verschiedenen Wellenlängen zu
untersuchen.

Es mögen etwa 1000 solche enge Spalte auf einer Strecke
von vielleicht 2 cm auf einer sonst undurchsichtigen, z. B. versilberten Glasplatte geritzt sein. (Im allgemeinen ritzt man
eine gewöhnliche Glasplatte mit einem Diamanten. Dann
werden die geritzten Streifen undurchsichtig.) Wir machen
homogenes Licht, das von einem beleuchteten Spalt s kommt,
durch eine Linse 1 parallel und vereinigen es nachher wieder
auf einem Schirm, wo ein helles Spaltbild entsteht. In den
Weg der ebenen Welle stellen wir dann das Gitter (Abb. 57).
Das Gitter spaltet das parallele Lichtbündel in mehrere
Bündel auf, die nach beiden Seiten symmetrisch abgelenkt
sind. Durch die Linse 2 werden alle diese Bündel wieder
vereinigt, und es zeigen sich so viele Spaltbilder auf dem
Schirm, als Bündel entstanden waren. Man kann vielleicht
4 oder 5 Spaltbilder zu beiden Seiten des unabgelenkten

Spaltbildes sehen. Die weiter abgelenkten Spaltbilder sind weniger hell als die weniger abgelenkten.

Wir können uns das Zustandekommen der Beugungserscheinung am schnellsten klarmachen, wenn wir der Einfachheit halber annehmen, die einzelnen Spalte wären so schmal, daß sie das Licht vollständig auseinanderbeugen. Abb. 58 zeigt den Wirrwarr einander durchschneidender Elementarwellen, der so entsteht. Aber wir können darin leicht eine auffallende Ordnung entdecken. In den Richtungen 0, 1, 2, 3 schließen sich die Elementarwellen aller Öffnungen zu geschlossenen Wellenfronten zusammen, und wenn die Zahl der Öffnungen genügend groß ist, ist die Ausbreitung des Lichtes hinter dem Gitter fast ausschließlich auf diese Richtungen beschränkt. In den anderen Richtungen tritt Auslöschung durch Interferenz auf. Das Beugungsbild des Gitters ist also ein sehr einfaches.

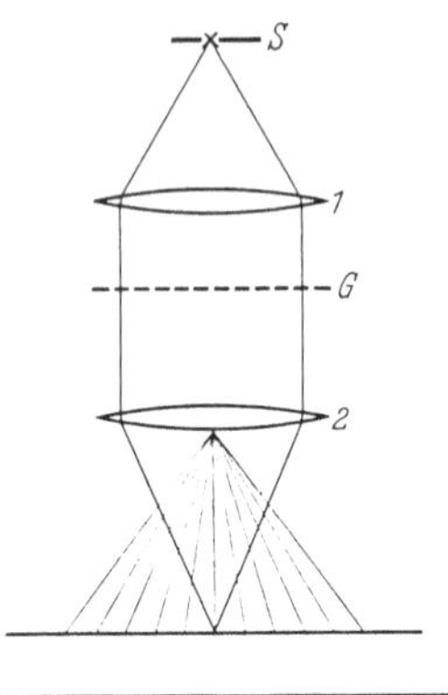

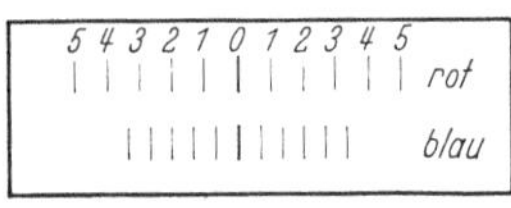

Abb. 57. Zur Erzeugung eines Gitterspektrums.

Die Abb. 58 läßt auch erkennen, daß die Ablenkungswinkel der Teilbündel von der Wellenlänge und dem Abstand benachbarter Spalte a, der „Gitterkonstante", abhängen.

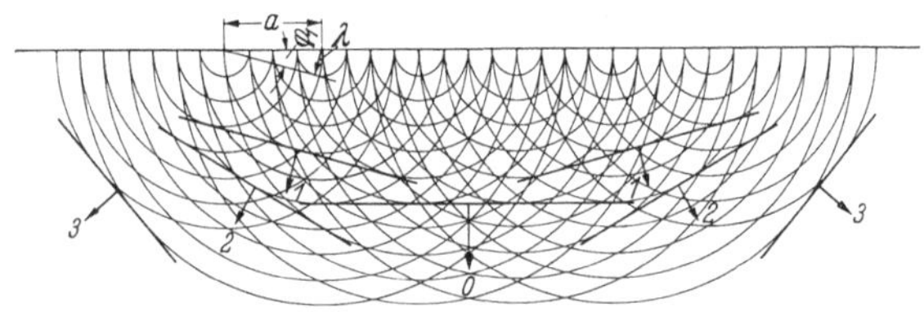

Abb. 58. Zur Beugung am Gitter.

Für das Bündel 1 ist, wie man aus der Abbildung ersieht, $\sin \varphi_1 = \dfrac{\lambda}{a}$, für das Bündel 2 $\sin \varphi_2 = \dfrac{2\lambda}{a}$ usw. Das Licht wird also in solchen Richtungen φ vereinigt, für die der Gangunterschied der Elementarwellen benachbarter

Öffnungen sich um eine, zwei, drei oder irgendeine ganze Zahl von Wellenlängen unterscheidet.

Man bezeichnet die verschiedenen Spaltbilder als Spektren o-ter, erster, zweiter usw. Ordnung.

Für kurzwelliges blaues Licht liegen alle Spektren näher zusammen und näher am Spektrum o-ter Ordnung als für rotes, weil die Wellenlänge und damit auch der Ablenkungswinkel kleiner ist[1]. Verwendet man weißes Licht, so entstehen deshalb ganze Spektralbänder, die die Spektralfarben von Violett über Blau, Grün und Gelb zu Rot mit stetigem Übergang zeigen. Das Rot ist am meisten abgelenkt. Das Violett des Spektrums zweiter Ordnung überlagert sich bereits mit dem Rot des Spektrums erster Ordnung. Das Spektrum o-ter Ordnung ist einfach ein weißes unzerlegtes Spaltbild, weil für alle Wellenlängen in dieser Richtung der Gangunterschied der gleiche, nämlich Null ist. Besteht das Licht aus einem Gemisch mehrerer homogener Wellen, so erhält man mehrere scharf begrenzte Spaltbilder, ein Linienspektrum, wie man sagt. Die Lage der einzelnen Linien gestattet sofort, aus der Größe des Ablenkungswinkels die Wellenlänge des betreffenden homogenen Lichtes zu ermitteln, wenn die Gitterkonstante bekannt ist.

Bei unserem Gitter beträgt z. B. $a = \frac{2}{1000} = \frac{1}{500}$ cm. Eine Wellenlänge von $8 \cdot 10^{-5}$ cm würde also in erster Ordnung um einen Winkel φ_1 abgelenkt, der sich aus $\sin\varphi_1 = 8 \cdot 10^{-5} \cdot 500 = 4 \cdot 10^{-2}$ zu $\varphi_1 = 2°8'$ ergibt. Eine Wellenlänge von $4 \cdot 10^{-5}$ wird dagegen um den kleineren Winkel von $1°9'$ abgelenkt. Das ganze Spektrum erster Ordnung von Rot bis Violett erstreckt sich also über etwa $1°$. Wenn das Beobachtungsfernrohr eine zehnfache Vergrößerung hat, erscheint es unter einem Winkel von $10°$, d. h. ebenso lang wie eine Strecke von 4 cm aus dem Abstand der deutlichen Sehweite (25 cm).

Je größer die Zahl der Spalte eines Gitters ist, um so genauer wird das Licht auf die bestimmten Richtungen beschränkt, die den Ordnungen entsprechen. Wenn daher das Licht z. B. aus zwei sehr nahe beieinanderliegenden homogenen Wellenlängen besteht, so wird man diese nur mit einem Gitter von genügend vielen Öffnungen trennen können.

Für spektroskopische Zwecke ist das Gitter deshalb um so wirkungsvoller, je mehr Spalte es im ganzen besitzt und je

---

[1] In Abb. 57 sind die Spektra für rotes und blaues Licht der Deutlichkeit wegen untereinander gezeichnet.

höher die Ordnung des Spektrums ist. Die größten in
Amerika zuerst von Rowland hergestellten Gitter haben bis
zu 100 000 Striche auf einer Strecke von 15 cm. Meist sind
sie nicht auf Glas, sondern auf Metall geritzt. Man benutzt
dann das reflektierte Licht, das ebenso gebeugt wird wie das
hindurchgehende bei Glasgittern. Hat die Metallfläche die
Gestalt eines Hohlspiegels, so dient sie gleichzeitig dazu, die
gebeugten Lichtbündel nachher zu Spaltbildern zu vereinigen.
Auf diese Weise kann man jedes Glas auf dem Lichtweg
vermeiden. Das ist für viele Zwecke sehr wichtig. Die großen
Konkavgitter, die man für die feinsten spektroskopischen
Arbeiten benutzt, erzeugen Spektren erster Ordnung von mehr
als 1 m Länge. Die Spektren höherer Ordnung sind entsprechend noch länger. Das Spektrum wird gewöhnlich in
einzelnen Teilen photographiert. Je kleiner der Abstand benachbarter Spalte, also die Gitterkonstante ist, um so größer
ist die Länge des Spektrums, um so mehr ist das Licht in
den Ordnungen nach der Seite abgelenkt. Wäre der Abstand
der einzelnen Spalte gerade gleich der Wellenlänge des benutzten Lichtes oder noch kleiner, so würde nur das direkt
durchgehende Licht zu beobachten sein. Die Ablenkung des
Spektrums erster Ordnung würde bereits 90° betragen, also
ganz nach der Seite abgelenkt sein. Das Gitter benimmt sich
dann wie eine einfache durchsichtige Platte ohne jede Struktur. *Eine Teilung, die ebenso fein oder feiner ist als die
Lichtwellenlänge, macht also ein Gitter als Vorrichtung zur
Erzeugung von Spektren gewöhnlichen Lichtes unwirksam.*
Wir können daraus zwei wichtige Schlüsse ziehen.

Aus der Tatsache z. B., daß eine Platte aus Steinsalz oder
Bergkristall für Licht völlig durchlässig ist und keine Gitter-
spektren gibt, können wir nicht auf den Mangel einer regelmäßigen Gitterstruktur des Kristalls schließen. Wir können nur
sagen, daß eine solche Struktur, falls sie vorhanden ist, eine Einteilung hat, die feiner ist als die Größe der Lichtwellenlänge.

Der zweite Schluß bezieht sich auf die Auflösungsgrenze
eines Mikroskops. Falls ein in der Durchsicht unter dem
Mikroskop beobachtetes Strichgitter eine so feine Teilung
besitzt, daß die Striche näher aneinander sind als die Licht-

wellenlänge, kommt das abgebeugte Licht überhaupt nicht
mehr in das Mikroskopobjektiv hinein, sondern nur das un-
abgebeugte Bündel. Das eintretende Licht enthält daher überhaupt nichts, was es ermöglichte zu bemerken. daß es durch
ein bestimmtes Gitter durchgegangen ist. und deshalb kann
man auch, so stark man immer vergrößern mag. nichts von
der Gitterstruktur im Mikroskop bemerken. Hieraus ersieht
man, weshalb ein Mikroskop Strukturen dieser Feinheit nicht
mehr erkennen läßt.

Wenn man durch das Gewebe eines Regenschirmes nach
einer entfernten kleinen Lichtquelle blickt, sieht man eine

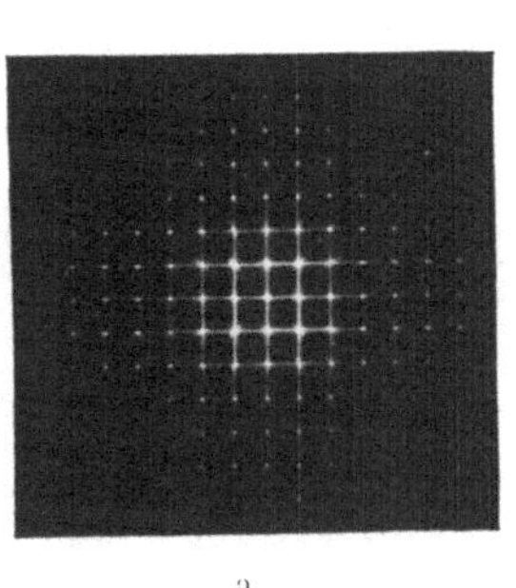
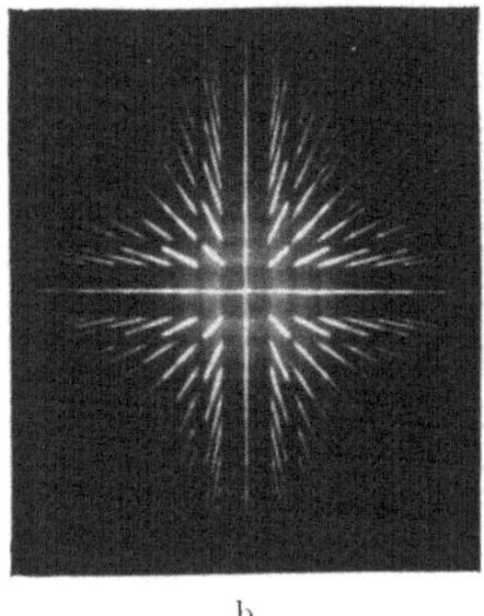

a   b

Abb. 59. Kreuzgitterspektrum: a) mit einfarbigem, b) mit weißem Licht.
(Aus Grimsehl-Tomaschek, Lehrbuch der Physik II., 2. Leipzig:
B. G. Teubner.)

sternartige regelmäßige Lichterscheinung, die ebenfalls die
Spektralfarben zeigt. Sie entsteht auf ganz ähnliche Weise
wie das Strichgitterspektrum. nur sind hier wegen der zwei-
fachen Mannigfaltigkeit der regelmäßig angeordneten Öffnungen mehr Richtungen vorhanden. in denen durch Interferenz verstärkte Lichtwirkung entsteht.

Abb. 59b zeigt solch ein Kreuzgitterspektrum mit den verschiedenen Ordnungen. Das Gitter war hier einfach ein qua-
dratisches, wie beim Gewebe des Regenschirmes.

Eine quantitative Ausmessung des Spektrums von homogenem Licht bekannter Wellenlänge (Abb. 59a) ermöglicht
es, die Gitterabstände genau zu ermitteln, ohne daß man

nötig hat, das Gitter selbst z. B. im Mikroskop anzusehen. Man kann also auch das Spektrum als eine Art Abbildung des Gitters ansehen, die dem Objekt allerdings im allgemeinen nicht gleich sieht, aus der es sich aber rekonstruieren läßt. Abbé bezeichnete solch eine Abbildung als primäre Abbildung.

e) Kränze um Sonne und Mond.

Das Wesentliche bei jeder Art von Gittern ist die Regelmäßigkeit, in der die Öffnungen angeordnet sind. Wenn lauter genau gleich große kleine Öffnungen *ganz regellos*

Abb. 60. Beugungsringe, erzeugt mit Bärlappsamen.

auf einer Fläche verteilt sind, so sieht das Ergebnis der Beugung ganz anders aus. Wenn die Öffnungen z. B. kreisförmig sind, so gibt jede Öffnung ein Beugungsbild, das für homogenes Licht aus abwechselnd dunklen und hellen konzentrischen Kreisen um das helle Bild der kleinen Lichtquelle besteht. Für rotes Licht sind die Radien der Kreise größer als für blaues, so daß weißes Licht durch Überlagerung der Kreise verschiedener Wellenlänge farbige Kreise liefert. Die Wirkung vieler regellos angeordneter Öffnungen überlagert sich einfach, so daß viele Öffnungen genau das gleiche Beugungsbild ergeben wie eine einzige, nur ist die Helligkeit viel größer. Ob man kleine runde Öffnungen oder kleine undurchsichtige Kreisscheiben verwendet, kommt fast auf das gleiche hinaus, und man kann deshalb die Erscheinung am leichtesten erhalten, wenn man den sehr feinen Samen des Bärlapp auf eine Glasplatte aufsiebt und durch die bestäubte Platte nach einer fernen kleinen Lichtquelle blickt (Abb. 60). Auf genau die gleiche Weise entstehen die farbigen Ringe um den Mond, wenn viele gleich große Nebeltröpfchen in der Luft vorhanden sind. Die Ringe sind meist ziemlich verwaschen, die Farben wenig ausgesprochen, weil der Mond uns unter einem ziemlich großen Winkel erscheint. Aus dem

Winkeldurchmesser der Ringe kann man die Größe der Tropfen ermitteln. Diese sogenannten Kränze sind nicht zu verwechseln mit den eigentlichen Höfen oder Halos, die einen größeren Durchmesser haben als die Kränze und die durch Brechung in Eiskriställchen zustande kommen.

f) Betrachtung über die Natur des weißen Lichtes.

Beugung und Interferenz ermöglichen, wie wir sahen, eine Zerlegung des weißen Lichtes in farbige Bestandteile oder in eine stetige Folge von Wellen einheitlicher Wellenlänge. Hieraus scheint auch zweifelsfrei hervorzugehen, daß das weiße Licht als Überlagerung einer stetigen Folge von Wellen verschiedener Wellenlänge anzusehen ist. Diese Auffassung ist zwar durchaus berechtigt, aber es ist nützlich, sich klarzumachen, daß hierdurch nicht etwas so Bestimmtes über die physikalische Natur des weißen Lichtes ausgesagt wird, wie der Leser vielleicht meint.

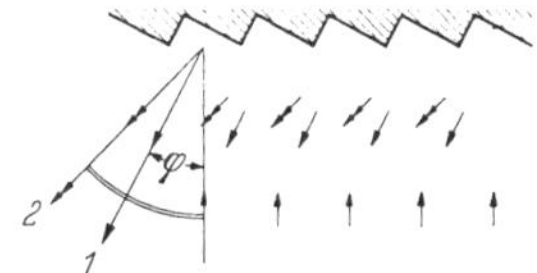

Abb. 61. Zurückwerfung des Schalles von einer Treppe.

Wenn ein kurzer Knall, den man etwa durch Zusammenschlagen der Handflächen erzeugen kann, an einer Treppe mit vielen Stufen zurückgeworfen wird, hört man einen kurzen, ziemlich reinen Ton. Die Tonhöhe ist dabei um so tiefer, je größer der Winkel φ ist, den die Richtung von der Treppe nach dem Ohr mit der Einfallsrichtung des Knalls bildet. Die Töne kommen nämlich einfach dadurch zustande, daß die von den einzelnen Treppenstufen (Abb. 61) zurückgeworfenen Elementarimpulse das Ohr in regelmäßiger Folge nacheinander erreichen, weil der Weg von jeder Stufe bis zum Ohr etwas weiter ist als von der benachbarten, und zwar um so weiter, je größer der Winkel φ ist. Die Stöße erreichen in der Richtung 1 das Ohr in schnellerer Folge als in der Richtung 2, und der Ton ist in der Richtung 1 deshalb höher als in der Richtung 2. Die Treppe zerlegt also den einfallenden Knall in eine stetige Folge homogener Töne oder Schallwellen, geradeso, wie ein optisches Gitter das weiße Licht in eine stetige Folge homogener Lichtwellen zerlegt. Es wird dem Leser aber schwerfallen zuzugeben, daß diese Töne bereits im Knall *enthalten sind*, den wir durch das Zusammenschlagen der Hände erzeugt haben, obwohl diese Auffassung berechtigt ist. Er wird wahrscheinlich vorziehen zu sagen, die Töne würden lediglich durch die regelmäßige Stufenfolge und die verschiedene Entfernung der Stufen vom Ohr erzeugt. Die Wirkung eines Gitters auf das Licht läßt sich aber ganz in der gleichen Weise deuten, so daß nichts im Wege steht, das weiße Licht als eine *regellose* Folge von Impulsen anzusehen.

Eine elektrische Glühlampe, ein glühendes Stück Eisen, die Sonne sind alles Lichtquellen, deren Licht durch ein Gitter in eine stetige Folge von Spektralfarben zerlegt wird. Aber die relativen Intensitäten der Lichter verschiedener Farbe im Spektrum sind nicht in allen drei Fällen die gleichen. Es ist deshalb ungenau, alle drei Lichter als weiß zu bezeichnen. Gewöhnlich versteht man unter weißem Licht das Licht der Sonne. Das glühende Eisen und die Glühlampe liefern gelberes Licht als die Sonne. Das liegt daran, daß die Temperatur der Sonne höher ist. Wenn also auch Lichter, die ein sogenanntes kontinuierliches Spektrum liefern, sehr wohl als eine regellose Folge von Impulsen angesehen werden können, so können diese Impulse doch nicht von ganz willkürlicher Art sein, weil sonst das Licht von Lichtquellen verschiedener Temperatur nicht solche Intensitätsunterschiede im Spektrum zeigen könnte. Es ist aber nicht möglich, aus der Intensitätsverteilung auf die verschiedenen Wellenlängen in einem kontinuierlichen Spektrum eine eindeutige Aussage über die genaue Art der Impulse zu machen, aus denen das Licht besteht. Im Grunde ist die ganze Frage mehr eine mathematische als eine physikalische. Man nennt die mathematisch immer mögliche Darstellung einer beliebigen Störung durch eine stetige Folge sinusförmiger Wellen von verschiedener Frequenz, Amplitude und Phase eine Zerlegung nach F o u r i e r oder eine harmonische Analyse. Diese Zerlegung führt gewissermaßen das Gitter mit dem weißen Lichte aus. Wir können zwar die Intensitäten und damit auch die Amplituden der Teilwellen messen, haben aber kein Mittel, um zu untersuchen, mit welchen Phasendifferenzen die verschiedenen Wellen zusammenwirken, und können daher den ursprünglichen Impuls auch nicht rekonstruieren. Es gibt vielmehr sehr verschiedene Formen von Impulsen, die alle die gleiche Intensitätsverteilung im Spektrum ergeben würden. Die Frage, die wir hier angedeutet haben, ist nicht ganz einfach. Sie wurde auch nur erwähnt, um zu zeigen, wie schwierig oft scheinbar einfache Dinge sind, wenn man ihnen etwas näher auf den Grund geht.

VII. Polarisation und Doppelbrechung.

a) Polarisation des Lichtes.

Interferenz, Beugung und Brechung können wir bei Schallwellen gleichermaßen wie bei Wellen auf der Oberfläche des Wassers beobachten. Erstere sind Längswellen, letztere Querwellen. Wenn wir entscheiden wollen, ob die Lichtwellen Längs- oder Querwellen sind, müssen wir zunächst ein eindeutiges Kennzeichen angeben, durch das sich diese beiden Arten von Wellen unterscheiden.

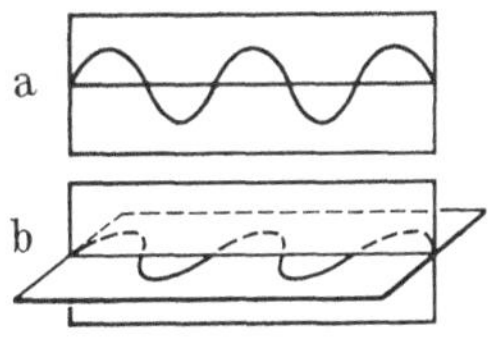

Abb. 62.
Zur Transversalwelle.

Bei Längswellen können wir keine Ebene, in der die Fortpflanzungsrichtung oder die Strahlrichtung liegt, angeben, die vor anderen irgendwie ausgezeichnet ist, weil die Verschiebungen stets in der Fortpflanzungsrichtung erfolgen. Bei Querwellen dagegen, bei denen die Verschiebungen senkrecht zur Fortpflanzungsrichtung erfolgen, gibt es eine solche ausgezeichnete Ebene. Es ist diejenige, in der die Verschiebungen stattfinden; in Abb. 62 die Ebene des Papiers *a* oder die darauf senkrechte *b*. Wir werden sehen, daß gewöhnliches Licht zwar keine solche Richtungseigenschaft senkrecht zur Fortpflanzungsrichtung zeigt, daß man aber daraus dennoch nicht schließen darf, daß Lichtwellen Längswellen sind. Die Richtungseigenschaft, die das Licht als Querwellen kennzeichnet, ist gewissermaßen nur verborgen, und die Natur selbst hat uns verschiedene Hilfsmittel in die Hand gegeben, um sie zu entdecken.

In Mineralhandlungen kann man einen Glimmer erhalten, der so glänzend aussieht wie ein Stück Metall. Im Volksmund heißt er „Katzensilber". Solch eine Glimmerplatte von etwa 1 mm Dicke ist auch fast völlig undurchsichtig, aber in einer ganz eigenartigen Weise. Wenn das Licht senkrecht auf die Platte auffällt, ist sie nahezu undurchsichtig. Dreht man die Platte in eine schräge Lage zum Licht, so daß der Einfallswinkel etwa $57°$ beträgt, so wird sie plötzlich durchsichtig. Dreht man noch weiter, so wird sie wieder undurchsichtig (Abb. 63). Aus solch einem Glimmer spalten wir nun leicht zwei Plättchen von einigen Zehntel Millimeter Dicke und schneiden sie zu Rechtecken von

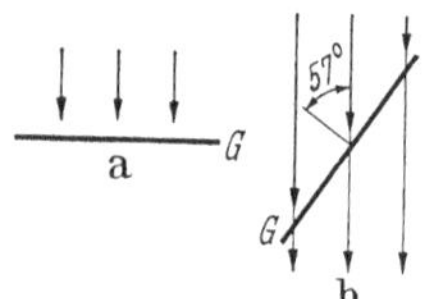

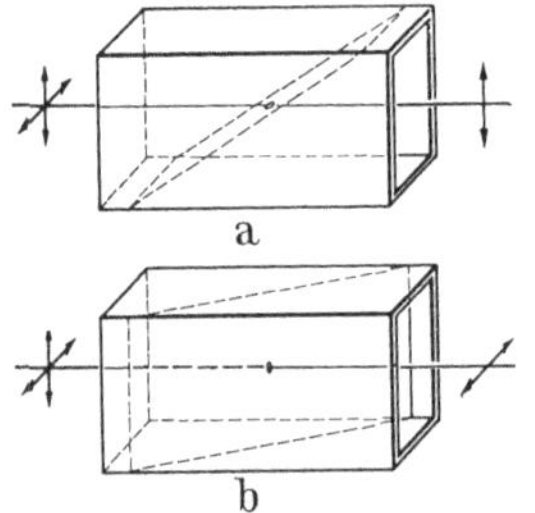

Abb. 63. Zur Durchlässigkeit eines metallisch glänzenden Glimmerplättchens (Katzensilber) für Licht.

Abb. 64. Ein einfacher Polarisationsapparat mit Glimmerplättchen. (Siehe Text.)

z. B. $2,5 \times 4,7$ cm. Dann kleben wir ein rechteckiges Kästchen etwa nach den Maßen von Abb. 64 aus schwarzer Pappe ohne Deckel und Boden und bringen eines der Glimmerblättchen G schräg in dem Kästchen an, so daß die Längsachse des Kästchens mit dem Lot auf die Glimmerplatte einen Winkel von $57,5°$ bildet. Wir brauchen noch ein zweites ganz gleiches Kästchen, in dem wir die zweite Glimmerplatte unterbringen.

Blickt man durch solch ein Kästchen in der Längsrichtung, z. B. nach der Sonne, so kann man sie hell sehen, und die Helligkeit bleibt unverändert, wenn man es um die Längsrichtung als Achse dreht. Blickt man durch beide Kästchen hintereinander, nach der Sonne, so kann man sie noch hell sehen, wenn die Kästchen beide so gerichtet sind wie in Abb. 64a. Dreht man aber eines der Kästchen um einen rechten Winkel um die Achse in die Stellung *b*, so sieht man kein Licht mehr. Die Anordnung ist nahezu völlig undurchsichtig geworden. Im ersten Falle sagt man, die Kästchen stehen parallel, im zweiten Falle, sie stehen gekreuzt.

Dieser merkwürdige und einfache Versuch, den jeder leicht ausführen kann, beweist erstens, daß das Licht nach dem Durchgang durch das erste Kästchen kein gewöhnliches Licht mehr ist. Man sagt, es ist *linear polarisiert* und nennt das eine Kästchen einen Polarisator, das zweite einen Analysator. Das Licht hat durch den Polarisator eine Richtungseigenschaft senkrecht zur Fortpflanzungsrichtung erhalten. Daraus erkennen wir zweitens, daß die Lichtwellen Querwellen sind. Da solch ein polarisiertes Licht nämlich grundsätzlich ganz die gleichen Eigenschaften hat wie gewöhnliches Licht, und wir mit dem Auge allein, ohne das zweite Kästchen, den Analysator, überhaupt keinen Unterschied zwischen gewöhnlichem und polarisiertem Licht bemerken, schließen wir, daß auch gewöhnliches Licht aus Querwellen besteht.

Man braucht gar nichts über das Geheimnis unserer Kästchen zu wissen, um diese Folgerungen zu ziehen. An Schallwellen kann man mit keinerlei Hilfsmitteln derartige Richtungseigenschaften zutage fördern. Da wir am polarisierten Licht die gesuchte Richtungseigenschaft entdeckt haben, schließen wir weiter, daß polarisierte Lichtwellen eine ausgezeichnete Ebene besitzen, in der die Schwingungen erfolgen. Unsere Versuche sagen uns nichts darüber aus, ob die Lichtschwingungen, nachdem gewöhnliches Licht das erste Kästchen z. B. in der Stellung *a* durchlaufen hat, in der Ebene der Zeichnung erfolgen oder senkrecht dazu. Die Meinungen über diese Frage waren auch lange geteilt. Heute weiß man, daß die für alle Lichtwirkungen maßgebenden Schwingungen in dem angeführten Falle in der Papierebene vor sich gehen. Hat das Kästchen die Stellung *b*, so erfolgen sie also senkrecht zur Papierebene. Da man einem Kästchen allein eine ganz beliebige Winkelstellung erteilen und dadurch die

Ebene, in der die Schwingungen des Lichtes erfolgen, ebenfalls um die Strahlrichtung herumdrehen kann, ohne daß
sich irgend etwas an der Helligkeit ändert, müssen wir weiter
schließen, daß im gewöhnlichen Licht Wellen aller möglichen Schwingungsrichtungen enthalten sind und unser
Kästchen je nach seiner Stellung nur eine bestimmte Schwingungsrichtung hindurchläßt, ähnlich wie ein langer Schlitz
in einem Schirm nur solche Wellen eines hindurchgesteckten
Seiles durchläßt, deren Schwingungen in der Schlitzrichtung
erfolgen (Abb. 65). Es ist nicht gut möglich, sich vorzustellen, daß an einer Stelle der Lichtwelle des gewöhnlichen
Lichtes Schwingungen gleichzeitig in allen möglichen Richtungen stattfinden. Man kann sich

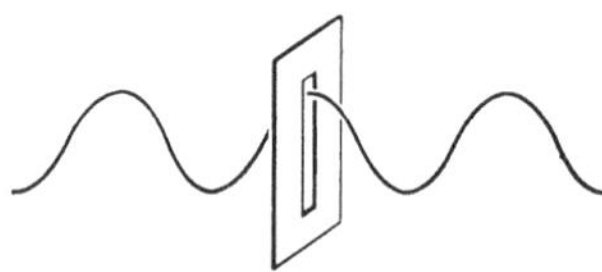

Abb. 65. Schwingungen eines
durch einen Schlitz gesteckten
Seiles.

aber sehr wohl vorstellen, daß die
Schwingungsrichtung im unpola-
risierten Licht in sehr kurzen Zeitabständen dauernd unregelmäßig
wechselt. Wir haben schon gesehen, daß die größte Zahl un-
gestörter Schwingungen, die wir
beim Lichte überhaupt kennen, höchstens einige Millionen beträgt, und deren Aussendung eine Zeit von nur ungefähr einer
dreihundertmillionstel Sekunde erfordert. Spätestens nach einer
so kurzen Zeit setzt ein neuer unabhängiger Lichtvorgang ein,
dessen Schwingungsrichtung eine vom vorherigen im allgemeinen ganz verschiedene sein wird. Zeiten, in denen wir
etwas beobachten können, sind viel länger und betragen vielleicht $1/_{10}$ bis $1/_{100}$ sec. Deshalb ist es unmöglich, ein zeitliches
Nacheinander der verschiedenen Schwingungsrichtungen im
gewöhnlichen Licht von einem örtlichen Nebeneinander zu
unterscheiden. Für manche Fragen ist es bequem, sich unpolarisiertes Licht als bestehend aus 2 polarisierten Wellen
gleicher Intensität mit zueinander senkrechter Schwingungsrichtung vorzustellen. Aus dem Gesagten können wir schon
entnehmen, daß 2 senkrecht zueinander polarisierte Lichtwellen niemals miteinander interferieren können.

Unser Glimmerkästchen versetzt uns in die Lage, zu untersuchen, ob in der Natur sonst noch irgendwo polarisiertes

Licht zu finden ist und in welcher Richtung jeweils die Schwingungen erfolgen.

Wenn wir Sonnenlicht z. B. von einer Glasplatte unter einem Winkel von nahezu $57°$ reflektieren lassen, so erweist es sich als vollständig polarisiert (Abb. 66). Bei anderen Einfallswinkeln ist die Polarisation keine vollständige. Die Schwingungen erfolgen senkrecht auf der Einfallsebene, die in der Abbildung mit der Papierebene zusammenfällt. Der Winkel von $57°$ heißt der Polarisationswinkel des Glases. Fällt ein Lichtbündel unter dem Polarisationswinkel ein, so steht das gebrochene Lichtbündel, wie zuerst Brewster feststellte, genau senkrecht auf dem reflektierten.

Aus dem Brechungsgesetz folgt, wenn wieder α der Einfallswinkel und β der Brechungswinkel ist, $\dfrac{\sin\alpha}{\sin\beta} = n$. Ferner ist, weil der reflektierte und gebrochene Strahl aufeinander senkrecht stehen, $\sin\alpha = \cos\beta$. Folglich ist der Polarisationswinkel α durch die Gleichung $\tan\alpha = n$ bestimmt, wo n der Brechungsexponent ist. Der Polarisationswinkel ist also vom Material und auch etwas von der Wellenlänge abhängig.

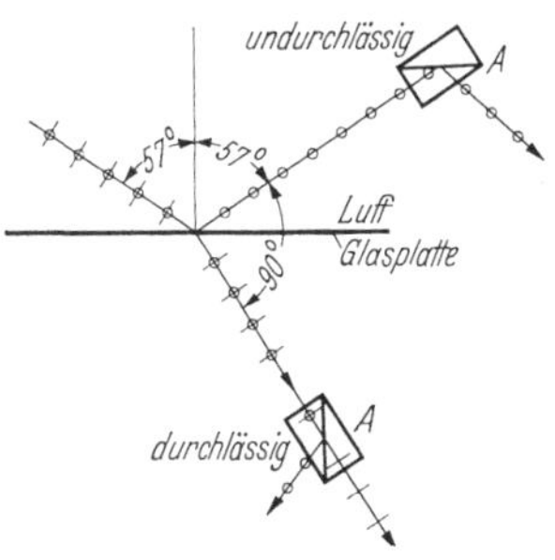

Abb. 66. Polarisation durch Reflexion und Brechung.

Für eine Glassorte mit dem Brechungsexponenten $1{,}54$ wird der Polarisationswinkel $\alpha = 57°$. Wasser hat den Brechungsexponenten $1{,}33$, und der Polarisationswinkel ist dann nahezu $53°$.

Untersucht man das gebrochene, durch die Glasplatte hindurchgelassene Licht mit unserem Analysator, so findet man, daß es stets nur teilweise polarisiert ist. Bei keiner Stellung des Kästchens bekommen wir völlige Dunkelheit. Wir finden ferner, daß die Schwingungen des polarisierten Anteils in der Einfallsebene, also senkrecht zu denen des reflektierten Lichtes erfolgen.

Eine solche Glasplatte, auf die natürliches Licht unter dem Polarisationswinkel auffällt, reflektiert 14% dieses Lichtes als polarisiertes, senkrecht zur Einfallsebene schwingendes Licht. 86% des Lichtes werden durchgelassen, und zwar

72% des einfallenden Lichtes als natürliches Licht und
14% als polarisiertes, wobei die Schwingungen in der Einfallsebene erfolgen. Die Intensität des polarisierten Lichtes
ist also im reflektierten und durchgehenden Licht die gleiche,
wie es sein muß, da das einfallende Licht unpolarisiert war.
Wir setzen dabei stets voraus, daß die Glasplatte vollständig
durchsichtig ist.

Legt man eine ganze Staffel derartiger Glasplatten aufeinander und läßt gewöhnliches Licht unter dem Polarisationswinkel auffallen, so wird an jeder Grenzfläche immer
mehr von dem senkrecht zur Einfallsrichtung schwingenden
Lichtanteil reflektiert, während der in der Einfallsebene
schwingende Anteil ganz hindurchgeht. Ist also die Zahl der
Glasplatten sehr groß, so wird schließlich praktisch die
Hälfte allen Lichtes als polarisiertes Licht reflektiert, die andere Hälfte als senkrecht dazu polarisiertes durchgelassen.
Man kann deshalb solch einen Plattensatz im durchgehenden
Licht als Polarisator oder Analysator verwenden.

Es ist nun noch wichtig, folgendes einzusehen:

Wenn auf einen Plattensatz, der aus sehr vielen Platten
besteht, natürliches Licht unter einem Winkel auffällt, der
nicht gleich dem Polarisationswinkel ist, so reflektiert er
praktisch alles Licht und läßt gar kein Licht mehr hindurch.
Weil nämlich jetzt an jeder Oberfläche etwas von dem Licht
beider Schwingungsrichtungen reflektiert wird, muß bei genügend vielen Reflexionen schließlich alles Licht im reflektierten Licht enthalten sein, und dieses kann dann auch nicht
mehr polarisiert sein. Solch ein Plattensatz aus sehr vielen
Platten hat also ein sehr hohes Reflexionsvermögen, fast wie
ein Metall, und ist fast undurchsichtig. Nur wenn das Licht
genau unter dem Polarisationswinkel auffällt, wird er durchsichtig, so daß er 50% des Lichtes durchläßt und nur 50%
reflektiert.

Gerade dieses merkwürdige Verhalten zeigte nun unser
metallisch glänzender Glimmer. Der Einfallswinkel des Lichtes, bei dem er durchsichtig wird, ist sein Polarisationswinkel. Die einzelnen dünnen Glimmerschichten sind in solch
einem Glimmer aufgeblättert. Es befindet sich Luft da-

zwischen. Die Platte ist also nichts weiter als ein Plattensatz aus vielen dünnen Glimmerplatten. Dies haben wir ausgenützt, als wir unseren Polarisator und Analysator daraus bauten. Es ist jetzt klar, warum die Kästchen in gekreuzter Stellung kein Licht durchlassen. Das Kästchen in der Stellung a erzeugt polarisiertes Licht, das in der Papierebene schwingt. Dieses Licht wird von der Glimmerplatte in der Stellung b vollständig reflektiert, also gar nicht hindurchgelassen.

Da wir in der Natur vielfach z. B. von Wasseroberflächen reflektiertes Licht zu sehen bekommen, ist teilweise polarisiertes Licht nicht etwas so Ungewöhnliches, wie der Leser vielleicht meint.

b) Doppelbrechung.

Die Polarisation des Lichtes ist erst von Malus im Jahre 1808 in Paris zufällig entdeckt worden, und zwar an dem Spiegelbild der untergehenden Sonne in den Fenstern des Palais Luxemburg. Aber schon mehr als hundert Jahre früher hatte der Däne Erasmus Bartholinus bei dem Durchgang von Licht durch große durchsichtige Kristalle isländischen Kalkspats (Kalziumkarbonat $CaCO_3$), die heute sehr selten und teuer sind, eine merkwürdige Erscheinung gefunden, die

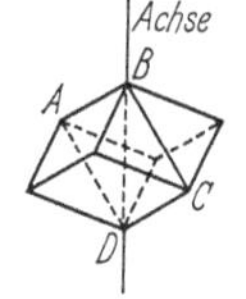

Abb. 67.
Kalkspatkristall.

man als *Doppelbrechung* bezeichnet, und Huygens hatte sie genau untersucht. Malus hat später gezeigt, daß der Kristall das Licht polarisiert. Man weiß heute, daß der Kalkspat keineswegs der einzige Kristall ist, der diese Doppelbrechung zeigt, doch ist sie bei ihm besonders auffallend.

Ein natürliches Spaltstück eines Kalkspatkristalls mit, der Einfachheit wegen, lauter gleich langen Kanten zeigt Abb. 67 perspektivisch. Die Parallelogramme der 6 Flächen des Kristalls haben Winkel von 102° und 78°. Die Flächen sind unter einem Winkel von 105° und 75° gegeneinander geneigt. Es gibt zwei entgegengesetzte Ecken B und D, in denen alle drei aneinanderstoßenden Kanten Winkel von 102° miteinander bilden. Man kann durch diese beiden Ecken eine Verbindungsgerade legen. Die Richtung dieser Geraden hat eine besondere Bedeutung für die ganze Symmetrie des Kristalls. Man bezeichnet sie als Kristallachse. Ein Schnitt durch den Kristall, der durch eine der drei Kanten, die in stumpfen Winkeln zusammenstoßen, hindurchgeht und den Winkel zwischen den beiden anderen Kanten halbiert, heißt ein Hauptschnitt. Zum Beispiel ist A, B, C, D (Abb. 67)[1] ein Hauptschnitt. Die Achse liegt immer in der Ebene eines Hauptschnittes.

Legt man ein natürliches Spaltstück mit einer seiner Flächen auf ein Stück schwarzes Papier, auf das man z. B. einen weißen Fleck gemacht hat, so sieht man den Fleck durch den Kristall verdoppelt (Abb. 68a). Die beiden Bilder sind um

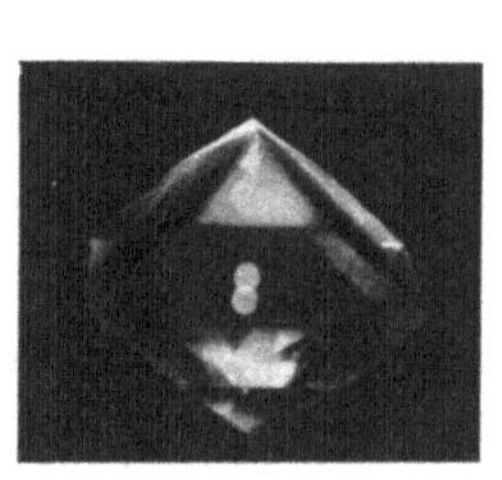

Abb. 68. a) Doppelbrechung im Kalkspat (Blickrichtung senkrecht zu einer natürlichen Kristallfläche). b) Keine Doppelbrechung (Blickrichtung parallel zur Hauptachse).

so weiter getrennt, je dicker der Kristall ist. Diese merkwürdige Erscheinung heißt Doppelbrechung. Wenn man an einem Kalkspatkristall senkrecht zur Achse Flächen anschleift und in der Achsenrichtung durch den Kristall blickt, zeigt sich keine Doppelbrechung (Abb. 68b). Der Kristall verhält sich dann wie ein gewöhnliches Stück Glas. Wie ein paralleles Lichtbündel, das senkrecht auf die natürliche Begrenzungsfläche des Kristalls auffällt, in zwei Bündel aufgespalten wird, zeigt im Modell Abb. 69. Das unabgelenkt durchgehende Lichtbündel (O) nennt man den ordentlichen Strahl, weil er in Übereinstimmung mit den gewöhnlichen

---

[1] Jede zu $B\,D$ parallele Richtung ist ebenfalls eine Achse, jeder zu $A\,B\,C\,D$ parallele Schnitt ebenfalls ein Hauptschnitt.

76

Brechungsgesetzen bei senkrechtem Einfall nicht gebrochen wird. Das abgelenkte Bündel (A) bezeichnet man als außerordentlichen Strahl, weil er dem gewöhnlichen Brechungsgesetz nicht folgt, sondern beim Eintritt in den Kristall um einen Winkel von nahezu 10° seitlich abgelenkt wird, und zwar in der Ebene des Hauptschnitts. Nach dem Austritt verlaufen beide Bündel wieder parallel. Wenn man das Licht der beiden Bündel durch unser Glimmerkästchen betrachtet, findet man, daß der ordentliche und außerordentliche Strahl senkrecht aufeinander polarisiert sind. Im außerordentlichen Strahl verlaufen die Schwingungen in der Ebene des Hauptschnittes, im ordentlichen in einer dazu senkrechten Ebene. Die beiden Strahlen unterscheiden sich *nur* durch ihre Schwingungsrichtung relativ zur Kristallorientierung und durch weiter nichts. Durch einen zweiten Kristall geht daher der ordentliche Strahl als außerordentlicher und der außerordentliche als ordentlicher hindurch, wenn dieser zweite Kristall um 90° gegen den ersten verdreht ist (Abb. 69 unten).

Das Zustandekommen der Doppelbrechung erklärt sich folgendermaßen: Polarisiertes Licht, dessen Schwingungen in der Ebene des Hauptschnittes erfolgen, also der außerordentliche

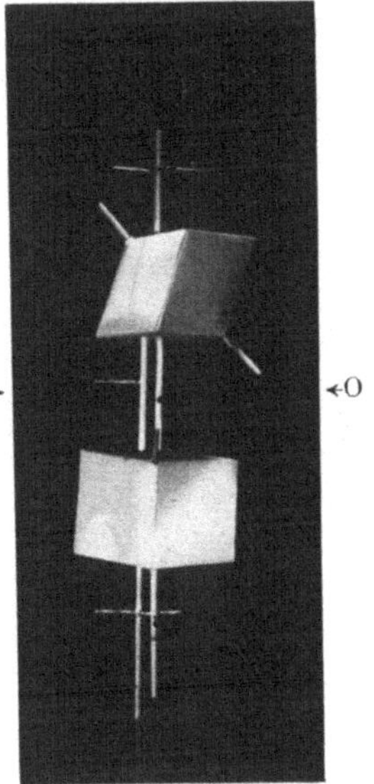

Abb. 69. Modell zur Doppelbrechung und Polarisation im Kalkspat.

Strahl, pflanzt sich in verschiedenen Richtungen im Kristall mit verschiedener Geschwindigkeit fort, während die Geschwindigkeit des ordentlichen Strahls in allen Richtungen die gleiche ist. Nur in der Achsenrichtung ist die Geschwindigkeit unabhängig vom Polarisationszustand und hat den kleinsten Wert. In allen Richtungen senkrecht zur Achse ist die Lichtgeschwindigkeit für den außerordentlichen Strahl am größten. Die Geschwindigkeit in anderen Richtungen liegt für den außerordentlichen Strahl zwischen diesem größten und dem kleinsten Wert, ist also stets größer als für den ordentlichen Strahl. Abb. 70 zeigt die Verhältnisse am klarsten. Wenn O irgendeine Stelle im Kristall ist, in der plötzlich eine Lichtwirkung entsteht, so ist das Licht der ordentlichen Welle einen Augenblick später auf die Oberfläche einer Kugel um O verteilt, genau wie bei der Lichtausbreitung in einem nicht kristallisierten Stoff. Das Licht der außerordentlichen Welle aber ist auf einem Umdrehungsellipsoid verteilt. Die große zur kleinen Achse des Ellipsoids, oder auch die größte Geschwindigkeit der Lichtausbreitung zur kleinsten, verhält sich nahezu wie $1 : 0{,}9$. Die Kugel und das Ellipsoid berühren sich in der Achsenrichtung.

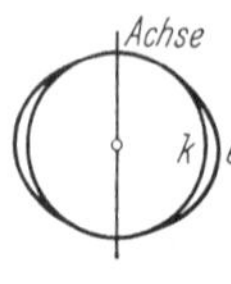

Abb. 70. Wellenflächen im Kalkspat (k ordentliche, e außerordentliche Welle).

Abb. 71 zeigt, wie die Doppelbrechung zustande kommt, wenn gewöhnliches Licht senkrecht auf die natürliche Fläche

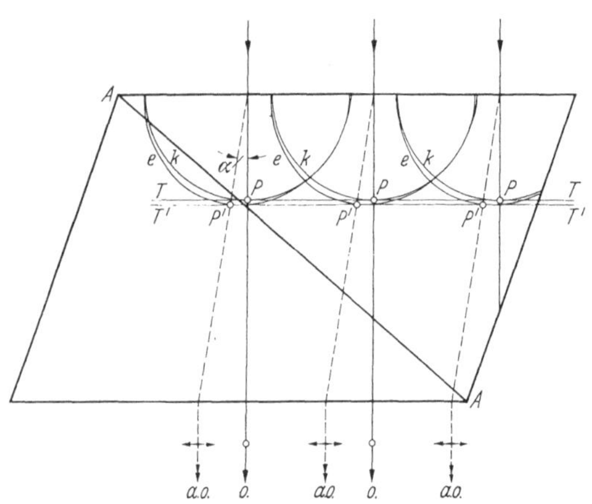

Abb. 71. Zustandekommen der Doppelbrechung nach Huygens.

eines Kalkspatkristalls auffällt nach der Methode der Elementarwellen von Huygens[1]. Für den ordentlichen Strahl ist die gemeinsame Berührungsfläche der Elementarwellen.

---

[1] Man muß sich etwas in die Zeichnung hineindenken, um sie zu verstehen.

die neue Wellenfront, eine Berührungsfläche von Kugelwellen. Die Richtung des Lichtes bleibt unverändert, genau wie bei senkrechtem Durchgang durch eine Glasplatte. Für den außerordentlichen Strahl bestehen die Elementarwellen aus Rotationsellipsoiden, deren Achsen parall zur Kristallachse liegen. Die gemeinsame Berührungsfläche, also die Wellenfront, bewegt sich jetzt schräg zum Kristall (in der Zeichnung nach links). Die Fortpflanzungsrichtung des Lichtes, also die Strahlenrichtung im Kristall, steht nicht mehr senkrecht zur Wellenoberfläche, wie das bei nicht kristallinen Stoffen der Fall ist. Dadurch kommt die Abweichung vom Brechungsgesetz zustande.

Auf ähnliche Weise lassen sich, wie H u y g e n s fand, alle Einzelheiten beim Lichtdurchgang durch einen Kalkspatkristall quantitativ richtig deuten. Natürlich ist die Richtungsabhängigkeit der Lichtfortpflanzung durch die regelmäßige Anordnung der Ca-, C- und O-Atome im Kristall, von der auch die Kristallform abhängt, bestimmt. Man kennt heute diese Anordnung genau, und es hat sich gezeigt, daß in Schnitten senkrecht zur Kristallachse diese Anordnung die größte Symmetrie zeigt. Sie ähnelt der Symmetrie eines sechseckigen Maschwerks.

Obwohl wir nur die einfachsten Kunststücke aufgezeigt haben, die das Licht beim Durchgang durch Kristalle ausführen kann, wird mancher Leser doch finden, daß die Sache schon reichlich verwickelt ist.

Man kann auf verschiedene Art den einen der beiden polarisierten Strahlen, in die das Licht beim Durchgang durch einen Kalkspat aufgespalten wird, ablenken oder auf irgendeine Weise beseitigen. Das geht beim Kalkspat verhältnismäßig einfach, weil er die beiden Strahlen besonders weit voneinander trennt. Gewöhnliches Licht, das durch solch eine Vorrichtung, die man als N i c o l sches Prisma bezeichnet, gegangen ist, ist dann linear polarisiert. Läßt man das so polarisierte Licht einen zweiten Kristall in gleicher Lage passieren, so geht es ungeschwächt hindurch. Dreht man aber den zweiten Kristall um die Einfallsrichtung des Lichtes als Achse um 90°, so geht das Licht nicht mehr hindurch. N icolsche Prismen sind bessere Polarisatoren und Analysatoren als unsere Glimmerkästen.

Es gibt auch Kristalle, z. B. den Turmalin, die einen der beiden polarisierten Strahlen von selbst im Inneren stark schwächen oder ganz verschlukken. Diese Eigenschaft nennt man Dichroismus. Man hat in neuerer Zeit künstliche Kristalle oder in einer Folie eingebettete orientierte Kriställchen, die einen starken Dichroismus zeigen, herzustellen gelernt und auf diese Weise einen sehr bequemen Ersatz für den seltenen und teuern Kalkspat erhalten (Abb. 72). Da sich solche Polarisatoren in beträchtlicher Größe herstellen lassen, sind sie für mancherlei Zwecke brauchbar. Wenn man z. B. die Scheinwerfer eines Kraftwagens mit einer solchen Vorrichtung versieht, so senden sie polarisiertes Licht aus. Wenn der Fahrer vor seinem Auge einen Polarisator in gleicher Stellung hat, so kann er die durch

Abb. 72. Künstlicher Polarisator, sog. „Bernotar", von Zeiß (nach Dr. M. Haase). Der linke und mittlere Polarisator sind parallel und das Licht geht hindurch, der mittlere und rechte sind gekreuzt und das Licht geht nicht hindurch.

Abb. 73. „Bernotar" als Schutz gegen Blendung der Kraftfahrer. (Nach Dr. M. Haase.)

den eigenen Scheinwerfer beleuchtete Straße sehen. Wenn aber ein zweiter entgegenkommender Kraftfahrer vor seinen Scheinwerfern und seinen Augen ebenfalls solche Polarisatoren in gekreuzter Stellung zu dem ersten Kraftwagen anbringt, so fällt jede gegenseitige Blendung fort, weil das polarisierte

Licht jedes Scheinwerfers durch die Brille des entgegenkommenden Fahrers nicht durchgelassen wird (Abb. 73).

Young und vor allem Fresnel erkannten, daß die Lichtpolarisation ein Beweis für die Transversalität der Lichtwellen ist. Da man zu jener Zeit nur elastische Wellen in Stoffen kannte, elastische Querwellen aber nur in festen Körpern möglich sind, stieß man auf eine große begriffliche Schwierigkeit. In der Tat kann man sich nicht vorstellen, daß der ganze Weltraum von einem festen Stoff ausgefüllt ist, in dem dennoch die Bewegung der Himmelskörper ohne nachweisbare Hemmung vor sich geht. Glücklicherweise haben die Physiker sich durch solche Schwierigkeiten niemals einschüchtern lassen. Sie haben weiter geforscht und die Lösung der begrifflichen Schwierigkeiten der Zukunft überlassen. Hätten sie das nicht getan, so wäre die Physik in den Kinderschuhen steckengeblieben.

VIII. Lichtzerstreuung, trübe Stoffe und das Himmelsblau

Die in regelmäßigen Abständen angeordneten Öffnungen eines Gitters geben ein Beugungsspektrum, die regellos angeordneten, gleich großen Samen des Bärlapps oder Nebeltröpfchen, von unter sich gleicher Größe, farbige Höfe. Wenn die Nebeltröpfchen ungleiche Größe haben, liefern die kleinen Tröpfchen Höfe von großem, die großen Tröpfchen solche von kleinem Durchmesser. Alle diese Lichtgebilde überlagern sich, und es bleibt nur eine allgemeine Lichtzerstreuung übrig. Zu den Trübungen, die eine solche Zerstreuung des weißen Lichtes ohne irgendeine Farbwirkung geben, gehören die meisten weißen Wolken und Nebel. Ein großer Teil der gewöhnlichen Tagesbeleuchtung wird durch zerstreutes Licht hervorgerufen.

Wir nennen einen Körper weiß, wenn er weißes Licht völlig zerstreut. Auch ein mattweißer Anstrich von Zinkweiß z. B. zerstreut fast alles auffallende Licht. Er reflektiert es nicht regelmäßig wie ein Spiegel, sondern strahlt es infolge

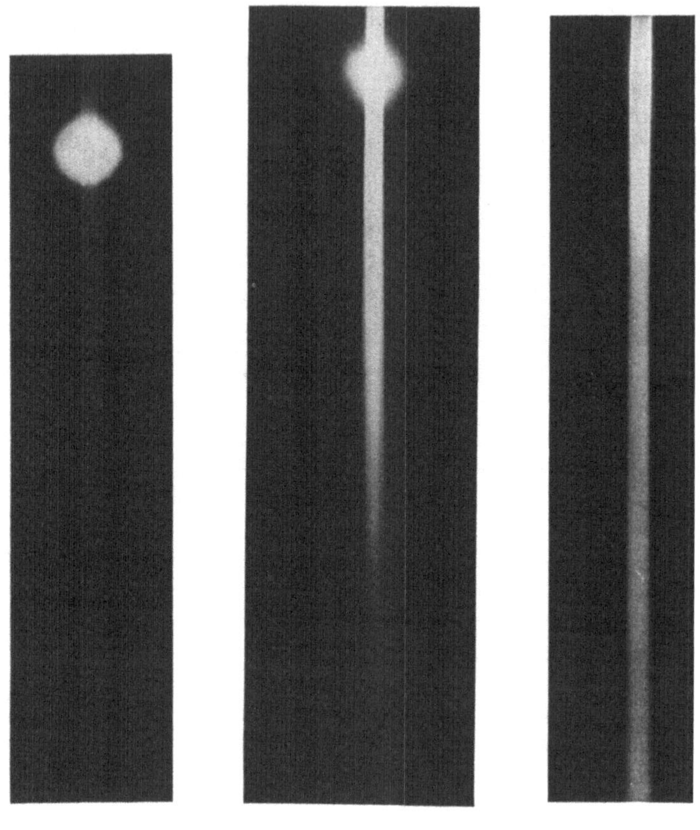

auf einem photographischen Film aufgenommen, der um die beleuchtete Fläche als Mittelpunkt gelegt wird. Abb. 74a, b, c zeigt das Ergebnis an drei Flächen verschieden hoher Politur.

Frisch gefallener Schnee sieht blendend weiß aus, obwohl die einzelnen Schneekriställchen durchsichtig sind. Der Vorgang der Zerstreuung geht hier auf etwas andere Weise vor sich. Zwischen den locker aufeinanderliegenden Eiskriställchen befindet sich Luft. Der allergrößte Teil des auffallenden Lichtes wird an den Grenzen von Kriställchen und Luft schon in den obersten Schichten total reflektiert und gelangt dann wieder in allen möglichen Richtungen an die Oberfläche. Aus diesem Grunde sieht der Schnee so weiß aus. Wenn Schmelzwetter eintritt, backt der Schnee zusammen. Die Lufteinschlüsse verschwinden größtenteils, und der Schnee ist dann nicht mehr weiß, sondern schmutziggrau. Auch fein zerriebenes Glaspulver sieht weiß aus. Auf ähnliche Weise wie beim Schnee kommt die Lichtzerstreuung auch bei weißen Blüten zustande.

Abb. 75. Zerstreuung einer Wasserwelle durch ein kleines Hindernis. (Nach Pohl).

Die Tröpfchen, aus denen die weißen Wolken und Nebel bestehen, sind alle so groß, daß man sie eben noch mit bloßem Auge, sicherlich aber mit dem Mikroskop sehen kann. Es gibt noch eine andere Art von trüben Stoffen, deren Teilchen *unter* der mikroskopischen Sichtbarkeit liegen. Sie sind also ungefähr so groß oder kleiner als die Lichtwellenlänge. Wir wissen schon, daß so kleine Teilchen, wenn sie vom Licht getroffen werden, zu Ausgangspunkten neuer elementarer Kugelwellen werden. Sie verhalten sich also so, als würden sie durch das einfallende Licht selbst zu punktförmigen Lichtquellen, die Licht von der gleichen Wellenlänge wie das einfallende nach allen Richtungen aussenden.

Man kann die gleiche Erscheinung sehr schön an einer Wasserwelle beobachten, die über ein kleines Hindernis hinwegläuft (Abb. 75). Von dem Hindernis geht dann eine Kreiswelle aus. Ein Teil der Energie der ursprünglichen Welle wird dieser entzogen und nach allen Richtungen zerstreut. Wenn viele kleine Licht streuende Teilchen sich im Wege des Lichtes befinden, wird dieses durch Zerstreuung beträchtlich geschwächt oder auch vollständig zerstreut. In einem vollkommen homogenen Mittel, wie es der materiefreie Raum ist, findet keine derartige Zerstreuung statt. Man kann dann das Licht nur sehen, wenn es auf direktem Wege ins Auge gelangt. Das Zodiakallicht, das man als matten Schein in Form einer Pyramide im Herbst lange vor Sonnenaufgang im Osten, im Frühling nach Sonnenuntergang im Westen wahrnehmen kann, wird vermutlich durch Streuung des Lichtes an kosmischem Staub in planetarischen Räumen verursacht. Daß im materiefreien Raum keine seitliche Lichtausbreitung wahrnehmbar ist, obwohl auch in diesem Falle jede von einer Lichtwelle überstrichene Stelle als Ausgangspunkt einer neuen Lichterregung angesehen werden kann, beruht, wie wir gesehen haben, darauf, daß alles seitliche Licht durch Interferenz vollständig ausgelöscht wird und nur die geradlinige Ausbreitung übrigbleibt. Ist das Mittel nicht mehr homogen, enthält es irgendwelche trübende Teilchen, so findet diese seitliche Auslöschung nicht vollständig statt, und wir sehen dann ein Lichtbündel auch von der Seite durch das gestreute Licht. Trübungen, die durch submikroskopische Teilchen verursacht sind, zeigen dabei eine besondere Eigentümlichkeit. Das gestreute Licht ist ausgesprochen bläulich und das hindurchgehende gelb bis rot.

Läßt man ein Lichtbündel durch einen Glastrog hindurchgehen, der mit reinem Wasser stark verdünnte Milch enthält, so sieht das Bündel von der Seite gegen einen dunklen Hintergrund gesehen blau aus. Blickt man durch die Flüssigkeit nach der Lichtquelle, z. B. nach der Sonne, so sieht sie gelbrot aus. Jede Hausfrau weiß, daß mit Wasser verdünnte Milch einen „blauen Stich" bekommt. Man kann leicht eine

ähnlich feine Trübung durch winzige Harzteilchen erhalten,
wenn man etwas Kolophonium in Alkohol löst und einen
Tropfen dieser Lösung in Wasser tropft. Der von einer
glimmenden Zigarette aufsteigende Rauch sieht bei seit-
licher Beleuchtung vor einem dunklen Hintergrund blau aus.
Wird der Rauch aus dem Munde geblasen, so sind die mikroskopischen Rauchteilchen durch Anlagerung von Wasser-
tröpfchen stark vergrößert. Der Rauch ist dann wegen der
gröberen Trübung einfach weiß oder grau wie gewöhnlicher
Nebel. Wenn der Künstler die fernen Berge blau malt, bekommt er „Luft" in sein Bild. Er malt in Wirklichkeit den
Eindruck, den das von einer sehr feinen Trübung zerstreute
Licht in seinem Auge hervorruft. Die Berge bilden nur den
dunklen Hintergrund. Das rote Licht der Sonne beim Auf-
oder Untergang wird wegen der Verarmung an blauem und
violettem Licht durch seitliche Zerstreuung auf dem langen
Wege durch die unteren Schichten der Atmosphäre verursacht.

Dem verstorbenen Lord Rayleigh verdanken wir die
Theorie der Lichtzerstreuung an so kleinen Teilchen. Er
konnte zeigen, daß sie durch violettes und blaues Licht ungefähr zehnmal so stark, durch grünes und gelbes drei- bis
viermal so stark zum Leuchten erregt werden wie durch
rotes. Es ergab sich ferner, daß dieses zerstreute Licht um
so schwächer wird, je feiner eine gegebene Stoffmenge in
dem gegebenen von Licht durchstrahlten Raum zerteilt ist.
Als eine äußerst fein zerteilte Trübung können wir schließlich die Moleküle der Materie selbst ansehen. Eine, wenn
auch sehr schwache Zerstreuung von vorzugsweise blauem
Licht müssen hiernach auch alle reinen durchsichtigen Körper, Gase, Flüssigkeiten und festen Körper zeigen. In genügend dicker Schicht und bei günstigen Versuchsbedingungen ist das in der Tat der Fall. Die Himmelsbläue, eine der
größten Segnungen unserer irdischen Tage, kommt durch die
Streuung des mächtigen Sonnenlichtes in der viele Kilometer
dicken Lufthülle zustande, die vor dem lichtlosen Hintergrund des Weltraumes liegt. Auf hohen Bergen, wo die Luft
frei ist von Staub und anderen größeren Teilchen, sieht der

Himmel tiefdunkelblau aus. Abb. 76 zeigt, wie man das blaue Streulicht auch von einer dünnen Schicht reiner Luft im Versuch nachweisen kann. Ein innen geschwärztes Rohr ist mit staubfreier Luft gefüllt. Sonnenlicht wird mit einer Linse durch ein seitliches Fenster in der Mitte des Rohres konzentriert und der blaue schwache Lichtkegel durch ein zweites Fenster am Rohrende beobachtet. Leichter ist es, diese Streuung in reinen Flüssigkeiten zu sehen. Die Streuung ist stärker, weil die Zahl der streuenden Moleküle im gleichen Volumen größer ist. Da die Zahl der Moleküle in einer Flüssigkeit ungefähr tausendmal so groß ist wie die Zahl der Moleküle ihres Dampfes beim Druck einer Atmosphäre im gleichen Volumen, sollte auch die Intensität des gestreuten Lichtes bei der Flüssigkeit tausendmal so groß sein. In Wirklichkeit ist sie nur etwa fünfzigmal so groß, und durchsichtige Kristalle streuen verhältnismäßig noch weniger. Dies zeigt, daß Flüssigkeiten und vor allem Kristalle mit regelmäßig angeordneten Atomgittern einem homogenen Medium näher stehen als Gase,

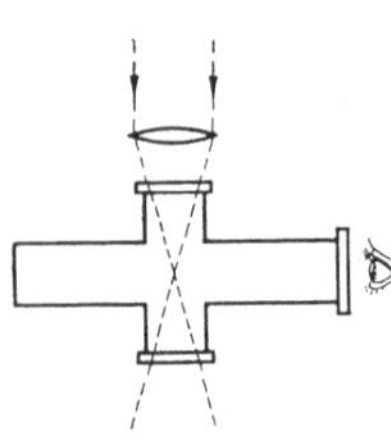

Abb. 76. Zum Nachweis der Lichtzerstreuung in reiner Luft.

so daß bei ihnen eine stärkere Auslöschung des seitlich ausgestrahlten Lichtes durch Interferenz stattfindet als bei einem Gase. Ein frisch gespaltenes Glimmerplättchen, auf dem man mit einer Linse Sonnenlicht konzentriert, zeigt, gegen einen dunklen Hintergrund betrachtet, viel weniger Streulicht als eine noch so gut gereinigte Glasplatte. Glas ist eine zähe Flüssigkeit.

Eine sehr wichtige Aufklärung erhalten wir, wenn wir durch einen Analysator für polarisiertes Licht z. B. durch ein Nicolsches Prisma nach einer Stelle des blauen Himmels blicken, die in senkrechter Richtung zu der der Sonnenstrahlen gelegen ist (Abb. 77).

Wir sehen dann den Himmel hell, wenn wir den Analysator so halten, daß er nur Lichtschwingungen durchläßt, die in der Ebene E erfolgen. Verdrehen wir den Nikol um 90°, so daß er nur für Schwingungen, die in der Richtung der Sonnenstrahlen erfolgen, durchlässig wird, so erscheint der

Himmel nahezu dunkel. Das gestreute Himmelslicht ist polarisiert. Der Grund dafür ist folgender: Die Schwingungen eines kleinen Teilchens, das vom Lichte getroffen wird, können, weil die Lichtwellen Querwellen sind, nur in allen möglichen Richtungen senkrecht zu der Einfallsrichtung des Lichtes, aber nicht in der Einfallsrichtung erfolgen. Man kann die Verhältnisse mit unserer durch submikroskopische Harzteilchen getrübten Flüssigkeit im einzelnen noch genauer übersehen.

Wir lassen linear polarisiertes Licht (Abb. 78a) mit senkrechter Schwingungsrichtung in den Trog eintreten. Das Licht wird am stärksten in der

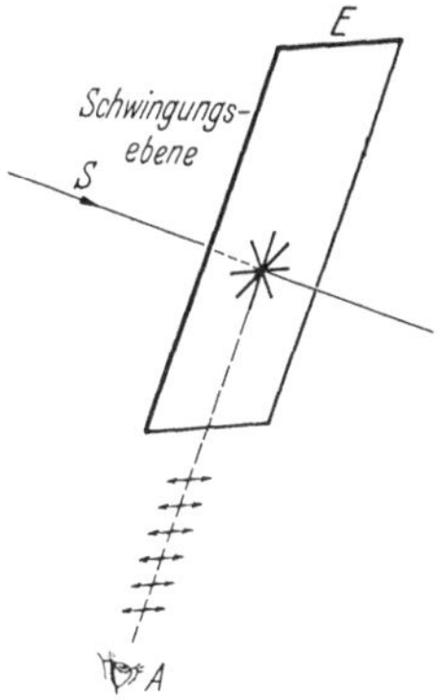

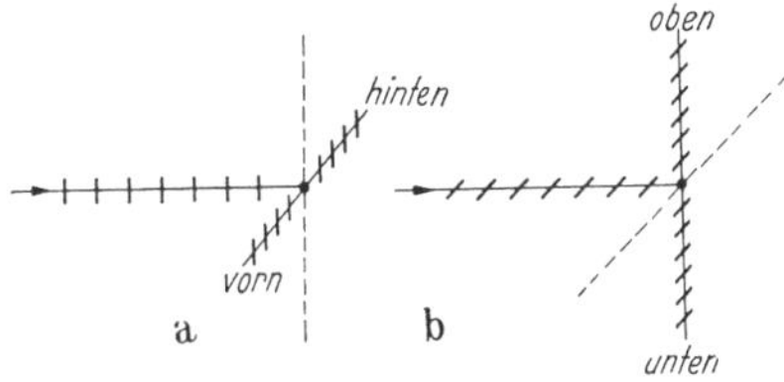

Abb. 77. Zur Polarisation des Himmelslichtes.

Abb. 78. Polarisation an kleinen Teilchen zerstreuten Lichtes.

Horizontalebene z. B. nach vorn und hinten, aber gar nicht nach oben und unten gestreut. Denn bei Querwellen muß die Fortpflanzungsrichtung auf der Schwingungsrichtung senkrecht stehen. Ist die eintretende Schwingungsrichtung waagrecht (Abb. 78b), so erfolgt die Streuung am stärksten in der Vertikalebene z. B. nach oben und unten, aber gar nicht nach vorn und hinten. In beiden Fällen ist das gestreute Licht so polarisiert, daß die Schwingungen in einer Ebene erfolgen, die auf der Einfallsrichtung des Lichtes senkrecht steht.

Abb. 79 zeigt die Ausführung dieses interessanten Versuches. All dies ist vollkommen in Einklang mit der Vorstellung, daß die kleinen trübenden Teilchen durch die Schwingungen des einfallenden Lichtes selbst zu schwingenden Gebilden werden, zu Oszillatoren, wie man sagt, die das gestreute Licht aussenden.

Die Polarisation des Himmelslichtes ist in Wirklichkeit

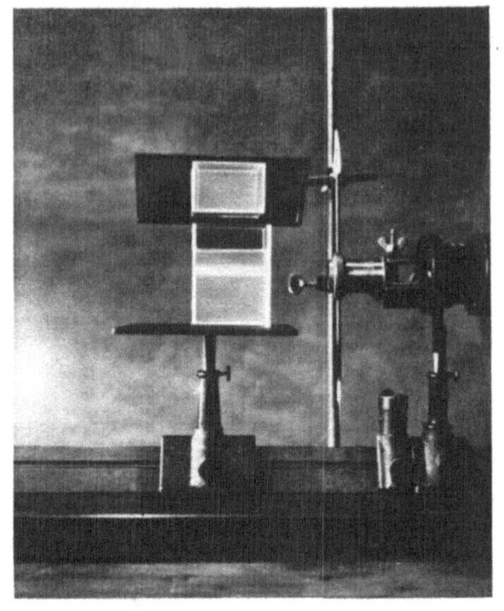

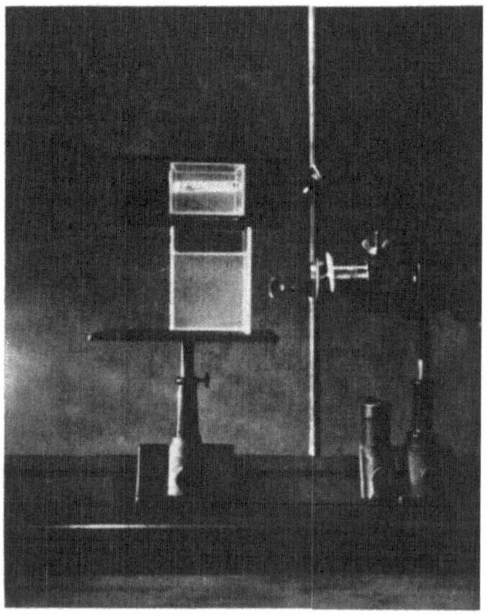

Abb. 79. Streuung polarisierten Lichtes an kleinen Teilchen. a) Schwingungsrichtung des einfallenden Lichtes vertikal in der Ebene des Papiers. b) Schwingungsrichtung des einfallenden Lichtes senkrecht zur Papierebene. Über dem Trog befindet sich ein geneigter Spiegel, in dem man von oben in den Trog hineinschaut.

etwas komplizierter, weil sich ein zweiter, nicht vollkommen
geklärter Polarisationseinfluß dem oben geschilderten überlagert.

IX. Die Dispersion des Lichtes in den Körpern

a) Wie zerlegt ein Prisma das Licht?

Wir haben schon erwähnt, daß einfache Kugellinsen Bilder
mit farbigen Rändern entwerfen. Die Ursache dieser chromatischen Aberration ist die verschieden starke Brechung
des Lichtes verschiedener Frequenz in durchsichtigen Körpern. Im allgemeinen wird violettes, also kurzwelliges Licht
von hoher Frequenz stärker gebrochen als rotes. Man kann
auch sagen, daß der Brechungsexponent für violettes Licht
größer ist als für rotes, oder daß die Fortpflanzungsgeschwindigkeit des violetten Lichtes in den Körpern kleiner
ist als die des roten. Die letztere Ausdrucksweise ist wohl
am anschaulichsten. Schwefelkohlenstoff ist eine Flüssigkeit, in der dieser Unterschied in den Geschwindigkeiten
recht groß ist. Er besitzt, wie man sagt, eine große „Dispersion". Als Michelson den Foucaultschen Versuch
mit dem rotierenden Spiegel wiederholte, um die Lichtgeschwindigkeit im Schwefelkohlenstoff zu bestimmen,
konnte er in der Tat bemerken, daß das Bild a' (Abb. 21) in
ein farbiges Band auseinandergezogen war. Das Violett war
dabei stärker abgelenkt als das Rot, weil der Spiegel S während der längeren Zeit, die das violette Licht brauchte, um
das mit Schwefelkohlenstoff gefüllte Rohr zwischen S und
H zu durchlaufen, schon eine größere Drehung vollführt
hatte. Es bedarf aber schon einer so empfindlichen Anordnung, um den Geschwindigkeitsunterschied unmittelbar zu
messen.

Wir können uns das leicht an einem Gedankenversuch
klarmachen. Wir nehmen einen langen, vollkommen durchsichtigen Quader aus Glas von z. B. 10 km Länge und lassen
an einem Ende in einem bestimmten Augenblick eine helle
Lampe aufblitzen. Befindet sich das Auge am anderen Ende

des Quaders, so wird der Anfang der roten Lichtwelle das Auge treffen, wenn der Anfang der violetten noch etwa 140 m vom Auge entfernt ist. Der Zeitunterschied zwischen dem Eintreffen des roten und des violetten Lichtes wird aber doch nur ungefähr ein millionstel Sekunde betragen, so daß man diesen Unterschied nicht bemerken könnte.

Das Gedankenexperiment hat trotzdem seinen guten Sinn. Um zu prüfen, ob Licht verschiedener Frequenz im Weltraum verschiedene Geschwindigkeit hat, kann man den Helligkeitswechsel von veränderlichen Sternen beobachten. Der Stern Algol im Perseus ist solch ein veränderlicher Stern. Seine Helligkeit wechselt in gleichen Zeitabständen, weil er von einem dunklen Begleiter umkreist wird, der jeweils nach einem vollen Umlauf zwischen uns und den Algol tritt, sein Licht also erst abschirmt und dann wieder frei gibt. Bei der ungeheueren, nach Hunderten von Lichtjahren gemessenen Entfernung des Sterns müßte er bei der Verdunkelung zuletzt blau, bei der darauffolgenden Erhellung zuerst rot aufleuchten, wenn der Weltraum eine auch nur geringe Dispersion besäße. Man hat aber nie etwas davon bemerkt. *Im leeren Raum pflanzen sich alle Lichtwellen gleich schnell fort.*

Wenn es nach dem Vorhergehenden vielleicht scheinen mag, daß es schwierig sein muß, überhaupt etwas von der verschiedenen Geschwindigkeit des Lichtes verschiedener Frequenz in der Materie zu bemerken, so ist das doch nicht der Fall. Beim Durchgang weißen Lichtes durch ein Prisma mit einem brechenden Winkel von $60°$ aus dem gleichen Glas, aus dem wir vorhin unseren Quader hergestellt haben, wird das violette Licht wegen der kleineren Geschwindigkeit um einen Winkel von etwas mehr als $2°$ stärker abgelenkt als das rote. Benutzt man als Lichtquelle einen engen beleuchteten Spalt S und vereinigt nach der Brechung das Licht mit einer Linse wieder auf einem Schirm im Abstand von 3 m hinter dem Prisma, so erhält man ein leuchtendes Spektrum von 11 cm Länge. Gewöhnlich beobachtet man dieses prismatische Spektrum mit einem Fernrohr oder photographiert es (Abb. 80).

Das Gitterspektrum und das prismatische Spektrum unterscheiden sich, wie man sieht, dadurch, daß beim Gitterspektrum das rote, beim prismatischen das violette Licht weiter abgelenkt ist. Beim Gitterspektrum ist die Ablenkung sehr nahe proportional der Größe der Wellenlänge, beim Prismenspektrum gilt keine so einfache Beziehung. Wie wir sagten, wächst im allgemeinen bei durchsichtigen Körpern die Brechung von rot nach blau ständig, wenn auch für verschiedene Körper in verschieden starkem Maß. Man bezeichnet dann die Dispersion als *normal*.

Fuchsin ist ein roter, sehr stark färbender Farbstoff. Die alkoholische Lösung sieht in der Durchsicht tiefrot aus. Untersucht man das Spektrum des Lichtes, das durch eine Lösung von Fuchsin hindurchgegangen ist, z. B. mit einem Glasprisma, so zeigt sich, daß alles Licht hindurchgelassen wird bis auf das grüne. Im Spektrum ist zwischen Gelb und Blau eine dunkle Lücke. Die

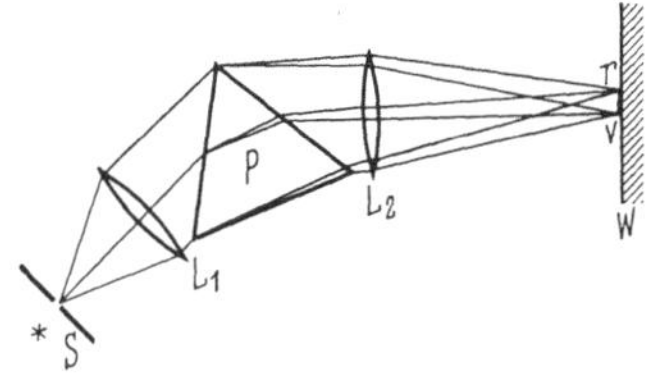

Abb. 80. Erzeugung eines prismatischen Spektrums.

Lösung sieht also nicht *deshalb* rot aus, weil sie nur rotes Licht hindurchläßt, sondern weil *grünes* Licht *nicht* hindurchgelassen wird. Das Auge vermag diesen Unterschied nicht zu bemerken, aber das Spektrum verrät ihn uns sofort. Wo ist nun das grüne Licht geblieben? Eine Antwort erhalten wir darauf, wenn wir uns feste Fuchsinkriställchen ansehen. Sie zeigen eine glänzendgrüne Oberflächenfarbe, reflektieren also vorwiegend grünes Licht. Zyanin, ein anderer Farbstoff, sieht blau aus und läßt gelbes Licht nicht hindurch. Man kann ein hohles Prisma aus Glasplatten herstellen und eine Lösung von Fuchsin in Alkohol einfüllen. Zerlegt man mit einem solchen Prisma das weiße Licht, so bemerkt man, daß die Reihenfolge der Spektralfarben eine ganz ungewöhnliche ist. Das Fuchsinprisma zeigt ein Spektrum mit einer dunklen Lücke im Grün. Das Gelb ist stärker abgelenkt als das Rot und das Violett stärker als das Blau, aber sowohl Blau als Violett sind *weniger* abgelenkt als Rot und Gelb. Der Brechungsexponent ist demnach am kleinsten für Blau, größer für Violett, noch größer für Rot und am größten für Gelb. Wenn das Prisma nur sehr dünn ist, so daß das grüne Licht noch etwas durchgelassen wird, kann man auch feststellen, daß die Brechung von Blaugrün nach Gelbgrün stark zunimmt. Innerhalb des Grünen *wächst* also, anders als bei der normalen Dispersion, der Brechungsexponent mit *zunehmender* Wellenlänge. Man spricht in diesem Falle von anomaler Dispersion. Abb. 81 zeigt als Beispiel die Abhängigkeit des Brechungsexponenten n von der Wellenlänge für den Farbstoff Zyanin. Das Gebiet der anomalen Dispersion und starken Absorption liegt hier im Gelb.

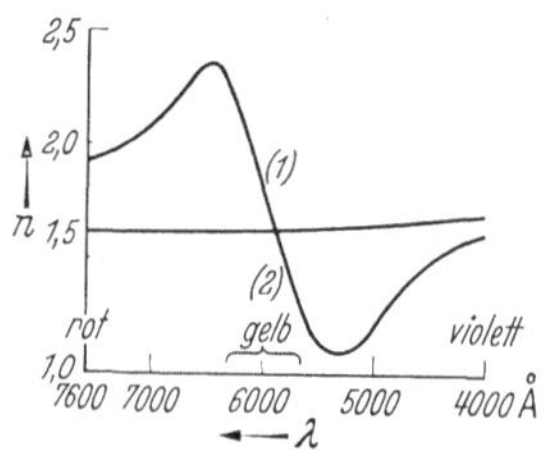

Abb. 81. 1. Anomale Dispersion im Zyanin.
2. Normale Dispersion in Schwefelkohlenstoff.

Der Leser wird vielleicht den Eindruck haben, daß es ohne großes Interesse ist, das ungewöhnliche Verhalten der Lichtbrechung bei einer gewissen, sehr speziellen Klasse von Körpern zu studieren. Ähnliche Fälle anomaler Dispersion sind indessen z. B. bei Metalldämpfen in besonders reiner Form beobachtet worden. Der Brechungsexponent sinkt in diesem Falle auf der kurzwelligen Seite der Absorptionsstelle (beim Na-Dampf ist es die Wellenlänge der gelben Natriumlinie) sogar unter *1, die Lichtgeschwindigkeit wird also größer als im leeren Raum*[1]. Wie man aus Abb. 81 ersieht, verläuft der Brechungsexponent im Zyanin z. B. im roten Wellenlängengebiet vollkommen normal wie in durchsichtigen Körpern. Zum Vergleich ist die Dispersion im Schwefelkohlen-

<hr>

[1] Unter Lichtgeschwindigkeit ist die sogenannte „Phasengeschwindigkeit" gemeint, d. h. die Geschwindigkeit, mit der sich ein Wellenberg oder ein Wellental eines unbegrenzten Wellenzuges fortpflanzt. Die Phasengeschwindigkeit kann in der Materie größer sein als die Lichtgeschwindigkeit im leeren Raum. Man kann aber nur durch Ein- und Ausschalten des Lichtes, also durch begrenzte „Wellengruppen" Signale oder Wirkungen von einem Ort zum andern übertragen, nicht aber durch die Wellentäler oder Berge einer unbegrenzten Welle. Es läßt sich nun zeigen, daß die Geschwindigkeit von Wellengruppen niemals größer sein kann als die Lichtgeschwindigkeit im leeren Raum. Deshalb ist es auch nicht möglich, Signale oder Wirkungen mit Überlichtgeschwindigkeit zu übermitteln.

stoff eingetragen. Man hat daraus geschlossen, daß die Dispersion in solchen Farbstoffen überhaupt keine Sondereigenschaft dieser Stoffe ist. Es könnte sein, daß alle durchsichtigen Stoffe im gleichen Sinne „farbig“ sind wie diese Farbstoffe, daß wir es aber nur nicht bemerken, weil wir mit dem Auge ja nur einen sehr beschränkten Bereich der Wellen des weißen Lichtes wahrnehmen können.

Wir werden in einem der nächsten Abschnitte sehen, daß das weiße Licht noch kurzwelligeres Licht enthält als das violette, das *ultraviolette Licht*, und noch langwelligeres als das rote, *das ultrarote Licht*, Wellenlängen, von denen wir mit dem Auge nichts bemerken. Wenn ein Stoff z. B. in einem engen Wellenlängengebiet, das kurzwelliger als das Violett und deshalb dem Auge unzugänglich ist, eine Absorptionsstelle besitzt, so würde im sichtbaren Spektralbereich der Verlauf der Brechungsexponenten ein normaler sein, und der Körper wäre für alles sichtbare Licht durchsichtig.

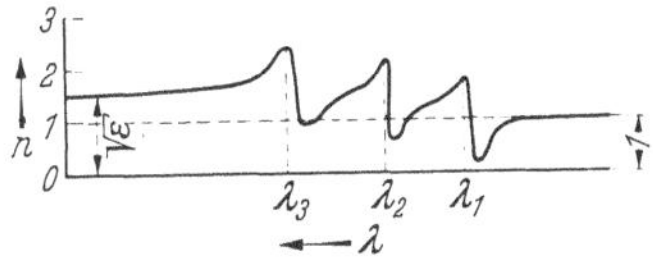

Abb. 82. Abhängigkeit des Brechungsexponenten von der Wellenlänge (schematisch).

Diese Erwartungen haben sich nun durchaus bestätigt. Die sogenannte „anomale Dispersion“ hat sich als eine durchaus normale Erscheinung der Stoffe erwiesen. Wenn man versuchen will, zu erklären, wie denn eigentlich die sonderbare Abhängigkeit der Lichtgeschwindigkeit von der Lichtfrequenz in den Stoffen zustande kommt, muß man freilich ziemlich schwierige Überlegungen über die Wechselwirkung von Materie und Licht anstellen.

Wir geben deshalb an dieser Stelle (Abb. 82) nur eine aus Versuchen und der Theorie abgeleitete, etwas idealisierte Darstellung der Abhängigkeit des Brechungsexponenten von der Wellenlänge unter der Annahme, daß der betrachtete Stoff mehrere Stellen anomaler Dispersion im Spektrum besitzt. Bemerkenswert ist hierbei, daß für sehr langwelliges Licht der Brechungsexponent nach dieser Kurve unabhängig von der Wellenlänge einem konstanten Wert zustrebt und daß für äußerst kurzwelliges Licht der Brechungsexponent sich dem Werte *1* nähert, aber immer etwas kleiner bleibt als *1*. *Das letztere bedeutet, daß die Geschwindigkeit von sehr kurzwelligem Licht in den Körpern ein ganz klein wenig größer sein muß als im leeren Raum.* Die hier besprochenen Fragen werden sich in einigen späteren Abschnitten als äußerst wichtig erweisen.

b) Ein merkwürdiges Lichtfilter.

Wir haben früher gesehen, daß ein durchsichtiger Körper unsichtbar wird, wenn er in eine Flüssigkeit vom gleichen Brechungsexponenten eingetaucht wird. Wenn man fein zermahlenes Glaspulver oder Quarzpulver in eine klare Flüssigkeit vom gleichen Brechungsexponenten hineinbringt, müßte es ebenfalls unsichtbar werden. Die Flüssigkeit müßte so klar bleiben, wie sie vorher war. Man kann z. B. eine Mischung von Schwefelkohlenstoff und Benzol herstellen, die den gleichen Brechungsexponenten hat wie Quarzpulver. Ganz so einfach ist das Ergebnis jedoch im allgemeinen nicht. Wir haben ja gesehen, daß der Brechungsexponent von der Wellenlänge abhängt, und zwar für die verschiedenen Stoffe in verschiedener Weise. Man wird also bestenfalls eine Flüssigkeit finden können, die für einen kleinen Wellenlängenbereich genau den gleichen Brechungsexponenten hat wie Quarz. Für diese Wellenlänge wird das Gemisch lichtdurchlässig sein, während für die anderen Wellenlängen eine beträchtliche Zerstreuung des Lichtes durch unregelmäßige Reflexion und Brechung an den kleinen Quarzkriställchen auftreten wird. Wenn man also Benzol und Schwefelkohlenstoff in verschiedenen Mengenverhältnissen mischt und so viel Quarzpulver hineinbringt, daß ein Brei entsteht, so wird dieser Brei, je nach dem Mischungsverhältnis der beiden Flüssigkeiten, jedesmal für eine andere Wellenlänge durchlässig sein. Man kann auf diese Weise ein Lichtfilter für enge Wellenlängenbereiche roten, gelben, grünen oder blauen Lichtes herstellen. Da die Brechung und Dispersion der Flüssigkeit stark von der Temperatur abhängt, die des Quarzes aber nur wenig, bedingt bei einem Lichtfilter dieser Art auch schon eine Temperaturänderung, daß der Wellenlängenbereich, in dem es licht-

durchlässig ist, sich verändert. Wenn solch ein Filter bei
einer bestimmten Temperatur nur rotes Licht hindurchläßt,
so ist es bei einer etwas höheren Temperatur nur für gelbes
Licht durchlässig. Bei einer weiteren Temperatursteigerung
wird es nur grünes und schließlich nur blaues Licht durchlassen. Dieser interessante Versuch ist zuerst von Chri-
stiansen ausgeführt worden. Solch ein Filter ist geeignet
zur Ausfilterung eines sehr engen Spektralbereiches aus dem
weißen Licht.

c) Etwas über farbige Lichter und Körperfarben (Pigmente).

Wir haben schon auf die Unfähigkeit des Auges, farbige
Lichter zu analysieren, hingewiesen. Ein Versuch soll dies
etwas näher erläutern
(Abb. 83):

Mit dem beleuchteten
Spalt Sp, der Linse L_1
und dem Prisma P wird
ein reines Spektrum
$r \ldots v$ erzeugt. Die Linse
L_2 bildet die Prismen-
fläche F auf der wei-
ßen Wand W ab. Hier
sind alle Spektralfarben
wieder zu Weiß ver-
einigt. Das ist der be-
kannte Versuch New-
tons, der die Wieder-

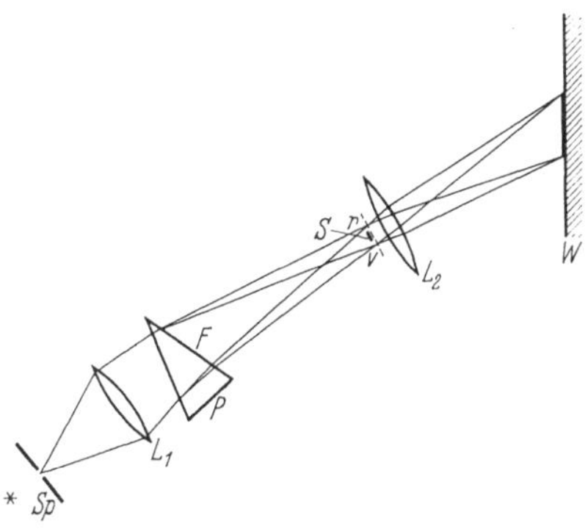

Abb. 83. Anordnung zur Erzeugung von
Mischfarben. (Siehe Text.)

herstellung weißen Lichtes aus den Spektrallichtern zeigt.
Bringt man einen schmalen, rechteckigen schwarzen Schirm S
in das Spektrum, so kann man damit an einer beliebigen
Stelle einen engen Wellenlängenbereich aus dem Lichte fort-
nehmen. Das Bild der Prismenfläche auf der Wand ist
dann nicht mehr weiß, sondern zeigt die *Ergänzungs- oder
Komplementärfarbe* des herausgenommenen Lichtes zu
Weiß. Dieses Licht ist natürlich keineswegs spektralrein,
das Auge kann dies aber am Farbton nicht erkennen.
Es kann zu jeder dieser Mischfarben eine Stelle in einem

Spektrum, also ein spektralreines Licht, finden, das den gleichen Farbton hat, außer wenn der Schirm S einen Bereich im grünen Gebiet etwa zwischen 5000 und 5600 Å fortnimmt. Dann ist die Ergänzungsfarbe ein *Purpur*, zu dem es im Spektrum kein farbtongleiches Licht gibt. Die Tab. 1 enthält den durch den Schirm S fortgenommenen Teil in Wellenlängen, und als Farbton; ferner die Mischfarbe des Restes und das dieser Mischfarbe farbengleiche Licht im Spektrum in Wellenlängen.

Tabelle 1.

	6560 Å	6080 Å	5850 Å	5000 bis 5600 Å	4900 Å	4850 Å	4330 Å u. kleiner
Herausgenommener Teil	rot	orange	gelb	grün	eisblau	ultramarin	violett
Mischfarbe des Restes	blaugrün	eisblau	ultramarin	purpurtöne	orange	gelb	grün
Farbtongleiches Spektrallicht	4920 Å	4900 Å	4850 Å	—	6080 Å	5850 Å	5640 Å

Wenn das Auge gleichzeitig durch die spektralreinen Lichter 6560 und 4920 Å oder 5850 und 4850 Å usw., die im geeigneten Helligkeitsverhältnis stehen, gereizt wird, hat es ebenfalls die Empfindung „farblos" oder „weiß". Physikalisch ist dieses Weiß etwas ganz anderes als weißes Licht. Letzteres enthält alle Lichter des sichtbaren Spektrums, dieses nur zwei enge Spektralbereiche in Rot und Blaugrün oder in Orange und Eisblau oder in Ultramarin und Gelb oder in Violett und Grüngelb. Das Auge kann zwischen diesen Mischungen nicht unterscheiden.

Das Auge kann also weder farbige Lichter analysieren, noch, wenn es den Eindruck „weiß" hat, eine Aussage über die Zusammensetzung des Lichtes machen, das diesen Eindruck vermittelt.

Das Auge anderer Lebewesen kann anders eingerichtet sein, und sie müssen dann auch farbige Lichter, z. B. das von farbigen Körpern zurückgeworfene Licht, anders sehen als wir. Man kann freilich nicht sagen, was sie für ein Erlebnis dabei haben.

Wir erläutern das kurz am sehr interessanten Beispiel der Bienen. Die Bienen haben ein Unterscheidungsvermögen für

vier wesentlich verschiedene Farbqualitäten, nämlich *Gelb*
(mit Orange und Grün), *Blaugrün, Blau* (mit Violett) und
das für uns unsichtbare *Ultraviolett*. Man nimmt an, daß Gelb
und Blau einerseits, Blaugrün und Ultraviolett andererseits
für die Bienen Ergänzungsfarben sind, und daß sie deshalb
eine weiße Fläche im allgemeinen auch farblos weiß sehen
wie wir. Es hat sich jedoch gezeigt, daß von zwei Flächen,
die für uns gleichartig weiß aussehen, die eine den Bienen
dann farbig erscheint, wenn diese Fläche ultraviolettes Licht
nicht reflektiert, sondern zurückhält. Es fehlt dann eben im
zurückgeworfenen Licht ein für die Biene als farbiges Licht
wahrnehmbarer Teil, und sie müssen die Ergänzungsfarbe,
also das, was wir Blaugrün nennen, wahrnehmen. Eine gewöhnliche Glasscheibe läßt für uns weißes Licht hindurch,
für die Bienen farbiges Licht, weil das ultraviolette Licht
nicht hindurchgeht. Wir können hier nicht darauf eingehen,
wie man durch Dressurversuche diese interessanten Tatsachen
ermittelt hat.

Es gibt in der Natur viele weiße Blumen. Man hat nachgewiesen, daß sie nur sehr wenig ultraviolettes Licht reflektieren. Den Bienen erscheinen sie deshalb wiederum farbig.
Der bekannte rote Mohn, den wir häufig in Kornfeldern finden, sieht für uns grellrot aus. Bienen können aber rotes
Licht nicht sehen. Dafür reflektiert diese Blume, außer dem
für die Bienen nicht wahrnehmbaren Rot, sehr kräftig ultraviolettes Licht. Dieser Mohn ist also für eine Biene eine
ultraviolette Blume. Aus solchen Beispielen wird klar, wie
sehr die Eigenschaft des Auges für unsere Aussagen über
Körperfarben oder farbige Lichter bestimmend ist.

Die spektrale Untersuchung eines farbigen Lichtes kann
uns dagegen Aussagen über die Qualität des Lichtes liefern,
die gar nicht mehr von der Eigenheit und der analysierenden
Fähigkeit unseres Auges abhängen.

Wenn wir weißes Licht durch farbige Gläser oder Flüssigkeiten schicken und dieses Licht dann mit einem Spektralapparat zerlegen, so erhalten wir das Absorptionsspektrum
des betreffenden Farbstoffes. Im allgemeinen enthält solch
ein Spektrum an einer oder mehreren Stellen mehr oder

weniger breite, dunkle Lücken. Die Farbstoffe lassen also gewisse Wellenlängengebiete nicht hindurch, andere wiederum werden durchgelassen. Sehr charakteristisch ist das Absorptionsspektrum vieler Anilinfarben, des Blutes und des Chlorophylls oder Blattgrüns. Das Chlorophyll z. B. absorbiert blaues und violettes Licht und enge Gebiete im Rot, Grün und Gelb (Abb. 84). Die Farben der Körper kommen auf die gleiche Weise zustande. Das Licht dringt in die deckende Körperfarbe, das Pigment, ein und wird zum Teil von innen reflektiert. Daher kommt es bekanntlich, daß die

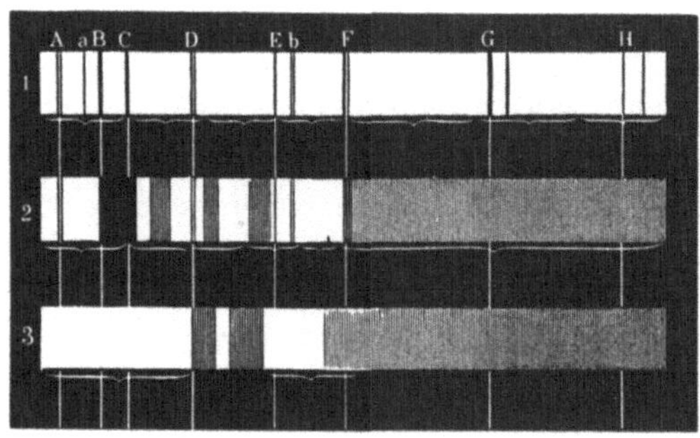

Abb. 84. 1. Fraunhofersche Linien (siehe S. 118). 2. Absorptionsspektrum des Blattgrüns. 3. Absorptionsspektrum des Blutes.

Mischung eines gelben und blauen Pigments Grün ergeben kann, während gelbes und blaues Licht, das gleichzeitig unser Auge trifft, Weiß ergibt. Ein blauer Farbstoff ist im allgemeinen blau, weil er Gelb und zum Teil auch Rot verschluckt, und ein gelber ist gelb, weil er Blau und zum Teil Violett verschluckt. Wenn nun weißes Licht durch solche blaue und dann noch durch gelbe Farbkörner hindurchgeht, so wird im wesentlichen alles Licht absorbiert, außer dem grünen. Das Ergebnis der Mischung hängt indessen ganz und gar von dem Absorptionsspektrum der beiden Farbstoffe ab, so daß man z. B. nicht voraussehen kann, ob bei der Mischung eines bestimmten gelben mit einem bestimmten blauen Farbstoff ein leuchtendes oder ein mattes, ein mehr bräunliches oder bläuliches Grün herauskommt. Der Künstler lernt das

durch Erfahrung. Wenn er einmal einen neuen Farbstoff
verwendet, muß er ihn erst ausprobieren. Man sieht, daß es
für die Farbigkeit einer Deckfarbe wesentlich ist, daß das
deckende Pigment nicht homogen ist, sondern eine körnige
Struktur hat. Sonst können im Innern der Farbschicht keine
Reflexionen erfolgen. Handelt es sich nicht um Deckfarben,
sondern um transparente Farben (Lasur), die auf weißes
Papier aufgetragen sind, so wird das Licht natürlich nach
der Filterung auch am weißen Papier reflektiert und tritt
durch die Farbschicht hindurch wieder nach vorne aus. Die
Farblösung kann dann auch vollkommen homogen sein. Malt
man z. B. mit Fuchsinlösung, die ganz homogen ist, auf
weißes Papier, so sieht der Aufstrich rot aus, malt man
aber auf schwarzes Papier, so sieht man überhaupt keine
Farbe, oder aber sie schimmert grün nach dem Eintrocknen,
wenn eine sehr konzentrierte Lösung verwendet wurde. Dies
ist eine Oberflächenfarbe, deren Entstehung durch die eigentümlich starke Reflexion an der Stelle der anomalen Dispersion dieses Farbstoffs verursacht wird.

Die meisten bisher betrachteten Körperfarben werden durch
die Eigenschaften der Farbstoffmoleküle verursacht, gewisse
Spektralbereiche nicht hindurchzulassen. Es gibt aber wundervolle Farben in der Natur, die auf ganz andere Weise
zustande kommen und bei denen irgendwelche Farbstoffe
nicht beteiligt sind. Beispiele sind die Farben mancher schil-
lernder Schmetterlinge, z. B. des Schillerfalters, die Farben
des Perlmutters, die lebhaft leuchtenden Farben der Pfauen-
federn, die Farben dünner Ölschichten auf Wasserpfützen
und vieles andere. In allen diesen Fällen handelt es sich ent-
weder um die Wirkung einer Art optischen Gitters, das das
Licht zerlegt, oder aber um einen Vorgang, bei dem einige
Wellenlängen des weißen Lichtes bei der Reflexion durch
Interferenz ausgelöscht werden. Das letztere tritt bei dünnen
durchsichtigen Schichten ein, wie z. B. bei den farbigen Ölschichten auf Wasser. Das an der Vorder- und an der Rückseite der Schicht reflektierte Licht interferiert. Es erfolgt Auslöschung für solche Wellenlängen, deren Gangunterschied
gleich dem ungeraden Vielfachen einer halben Wellenlänge

ist. Der Rest des Lichtes ist dann farbig. Die Farbe solcher dünnen Schichten hängt also von ihrer Dicke ab.

Sehr mannigfaltig sind die Farben der Luft und des Wassers. Die Entstehung des Himmelsblau und der roten Töne am Himmel bei tiefem Sonnenstand haben wir schon kennengelernt. Die Farbe des Wassers ist durch vielerlei Ursachen bedingt. Die Spiegelung des Himmels hat darauf einen wesentlichen Einfluß. Indessen ist die Anschauung falsch, daß die Farbe nur durch solche Spiegelungen vorgetäuscht wird. Das Wasser besitzt ebenso eine eigentümliche Farbe wie irgendeine andere gefärbte Flüssigkeit. Bunsen hat wohl zuerst gezeigt, daß eine weiße Fläche bei Betrachtung durch eine Schicht destillierten Wassers von einigen Metern Dicke bläulich erscheint. Bei sehr dicken Schichten ist die Farbe rein blau. Man sieht diese Färbung häufig an den Seen der Hochgebirge. Ein berühmtes Beispiel ist auch die blaue Grotte in Capri. Wenn eine starke Spiegelung des Himmelslichtes auftritt, sieht man gerade die Eigenfarbe des Wassers *nicht*. Da aber das Himmelslicht polarisiert ist, kann es bei klarem Himmel und geeigneter Lage von Sonne, Wasserfläche und Beobachter zueinander nahezu vollständig vermieden werden, daß reflektiertes Licht in das Auge des Beobachters gelangt (s. S. 73). In diesem Falle sieht man das aus der Tiefe reflektierte wundervolle blaue Licht. Bei seichtem Wasser kann die Farbe des Grundes die Farbe des Wassers verändern. Trübende Teilchen sind ebenfalls mitbestimmend für die Farbe des Wassers. Der Verfasser erinnert sich, einmal gesehen zu haben, wie der Einfluß des Isarwassers in den Walchensee ein weites Stück in den See hinein durch die andere Färbung verfolgt werden konnte.

X. Unsichtbares Licht.

a) Ultrarotes Licht.

Es ist eine Eigentümlichkeit der physikalischen Forschungsmethode, daß sie die Begriffe allgemeiner faßt, als es im täglichen Leben üblich ist. Am Beispiel des Lichtes wird das besonders deutlich. Wir haben das Licht der Sonne in ein farbiges Spektrum zerlegt. Dabei haben wir bemerkt, daß unser Auge durch die äußersten Grenzen des Spektralbandes den Lichteindruck „Rot" und „Violett" erhält. Die Messung der Wellenlänge setzt die Grenzen zahlenmäßig zu etwa 7700 Å am roten und etwa 4000 Å am violetten Ende fest. Nichts zwingt uns indessen, anzunehmen, daß hiermit tatsächlich die ganze Ausdehnung des Sonnenspektrums erschöpft ist, solange wir nur unser Auge als Strahlungsempfänger verwenden. Das Auge ist in der Tat nur für einen sehr beschränkten Wellenlängenbereich empfindlich. Überdies ist es unfähig, genaue Angaben über die Intensität einer Lichtstrahlung zu vermitteln. Wir wollen jetzt das für unser Auge unsichtbare Licht etwas näher kennenlernen.

Wenn wir Licht auf ein Thermometer mit geschwärztem Thermometergefäß auffallen lassen, wird alles auftreffende Licht beliebiger Wellenlänge verschluckt und in Wärmebewegung der Moleküle umgewandelt. Das Thermometer steigt während der konstanten Bestrahlung so lange, bis sein Wärmeverlust an die Umgebung gleich dem in der gleichen Zeit erfolgten Wärmegewinn durch die Zustrahlung ist. Der durch das Thermometer angezeigte Temperaturanstieg ist deshalb *ein Maß für die Energie* der auftreffenden Lichtstrahlung, ganz gleich, welche Wellenlänge sie besitzt. Wesentlich genauer und schneller arbeiten besonders elektrische geschwärzte Thermometer, die Thermosäulen und Bolometer. Mit solchen Strahlungsmessern kann man also die Energie des Lichtes verschiedener Wellenlängen quantitativ vergleichen. *Die Wärmewirkung ist keine spezifische Wirkung bestimmter Wellenlängen,* wenn das auch manchmal in den Büchern steht.

W. Herschel machte schon im Jahre 1800 die Entdeckung, daß ein geschwärztes Thermometer im kontinuierlichen Sonnenspektrum auch jenseits des roten Endes eine starke Erwärmung anzeigte. Damit war der Nachweis einer unsichtbaren Lichtstrahlung geliefert, die langwelliger ist als das äußerste sichtbare Rot. Wir nennen diese Strahlung heute „ultrarote oder infrarote Strahlung". In Wirklichkeit ist diese Strahlung etwas dem Menschen seit jeher Vertrautes.

Jeder Ofen sendet ultrarote Strahlung aus, auch unser Körper, der wärmer ist als die Umgebung, gibt Energie als ultrarote Strahlung an die Umgebung ab. Wenn wir finden, daß unser Ofen nur diese unsichtbare Strahlung und gar kein sichtbares Licht liefert und sogar die Glühlampe bei weitem den größten Teil der Energie ebenfalls im Ultrarot ausstrahlt, so liegt das lediglich an der verhältnismäßig niedrigen Temperatur dieser Strahler.

Man kann mit Hilfe von Gittern die Wellenlängen der ultraroten Strahlung mit Thermoelementen oder Bolometern in ähnlicher Weise messen wie die des sichtbaren Lichtes. Es würde zu weit führen, auf Einzelheiten der Aussonderung und Messung von langwelligem Ultrarot einzugehen. Man ist schließlich bis zu einer Wellenlänge von 0,4 mm vorgedrungen. Diese Wellenlänge ist also rund 800mal so groß wie eine mittlere Wellenlänge des sichtbaren Lichtes!

Es ist in den letzten Jahren gelungen, photographische Platten durch Farbstoffe einer sehr komplizierten chemischen Zusammensetzung für das dem Rot benachbarte ultrarote Licht empfindlich zu machen. Der neueste dieser Farbstoffe hat den erschreckenden Namen Bethanaphtothiocarbocyaninäthylbromid. Die bisher hergestellten Ultrarotplatten sind nur ungefähr bis zur Wellenlänge 10000 Å empfindlich. Obwohl es sicher gelingen wird, diese Grenze noch zu überschreiten, ist doch einer unbegrenzten Steigerung der Plattenempfindlichkeit für immer längere Wellen eine natürliche Grenze gesetzt. Wenn die Strahlung zu langwellig ist, wird sie bereits von allen Körpern bei Zimmertemperatur, wenn auch nur schwach ausgestrahlt. Platten, die für solche Strahlung empfindlich wären, müßten in kurzer Zeit verschleiern. Man kann mit den käuflichen Ultrarotplatten schon heute Aufnahmen „im Lichte" eines elektrischen Bügeleisens oder eines etwas überheizten eisernen Ofens machen.

Will man eine Landschaft nur mit ultrarotem Licht photographieren, so muß man das ganze sichtbare Licht durch geeignete dunkelrote oder schwarze Glasfilter, die also nur ultrarotes Licht durchlassen, vom Apparat fernhalten. Da das ultrarote Licht wegen seiner großen Wellenlänge durch die

a)

b)

Abb. 85. a) Landschaftsaufnahme mit sichtbarem Licht; b) dieselbe Aufnahme
mit ultrarotem Licht. (Nach E. v. Angerer.)

Trübungen der Atmosphäre viel weniger zerstreut wird als das sichtbare Licht, ermöglicht die Ultrarotphotographie, vom Flugzeug außerordentlich große Gebiete der Erde auf sehr große Entfernungen zu photographieren.

Abb. 85 zeigt, wieviel mehr Einzelheiten in der Ferne die Ultrarotphotographie gegenüber der gewöhnlichen Photogra-

Abb. 86. Eine Infrarotaufnahme aus 6500 m Höhe von Captain Albert W. Stevens. Standpunkt des Flugzeugs über Villa Mercedes (Argentinien), am Horizont sind die Anden mit dem Aconcagua in 470 km Entfernung zu sehen. Auf dieser Aufnahme wurde die Erdkrümmung zum erstenmal photographisch festgehalten; die Länge von 112 km, in der der Horizont zur Abbildung gebracht wird, entspricht $^1/_{357}$ des Erdumfanges. Objektiv mit 50 cm Brennweite, Kodak-Infrarot-Fliegerfilm, Rotfilter, $^1/_{20}$ Sekunde. — (Verkleinert.) (Aus Helwich, Infrarot-Fotografie. Harzburg: Heering Verlag.)

phie liefert. Abb. 86 ist eine Flugzeugaufnahme aus 6500 m Höhe über Villa Mercedes in Argentinien von Captain A. W. Stevens. Am Horizont sind die Anden zu sehen. Der Horizont ist in 112 km Länge (etwa 1 geographischer Breitengrad) abgebildet. Das Bild läßt gerade eben die Erdkrümmung erkennen.

Eine Ultrarotphotographie des Planeten Mars ergab einen

kleineren Durchmesser der Scheibe als bei der gewöhnlichen
Photographie. Dies war ein Beweis für das Vorhandensein
einer Marsatmosphäre. Das langwellige Ultrarot wird weniger
gebrochen als sichtbares Licht, und die Lichtstrahlen in einer
Atmosphäre mit nach außen abnehmender Dichte werden
deshalb weniger gekrümmt (vgl. S. 18).

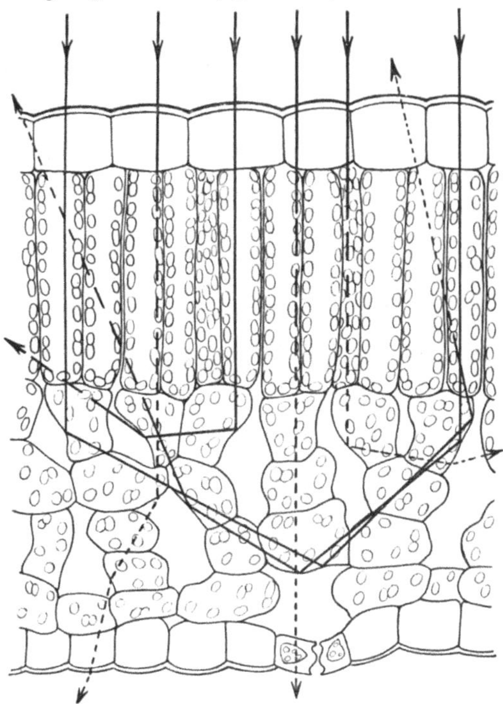

Abb. 87. Querschnitt durch ein Blatt und Lichtdurchgang. (Nach Will-
stätter und Stoll.)

Sehr eigentümlich sehen Landschaften mit grünen Bäumen
und Wiesen auf Ultrarotphotographien aus (vgl. Abb. 85 b).
Das Laub wirft das ultrarote Licht so stark zurück, daß die
Bäume aussehen, als wären sie mit Schnee bedeckt. Das ist
sehr merkwürdig, denn das Chlorophyll und ebenso alle anderen in den Blättern enthaltenen Farbstoffe sind für das
langwelligste Rot und das Ultrarot völlig durchlässig (vgl.

105

Abb. 84). R. Mecke hat kürzlich dieses Rätsel gelöst. Den Querschnitt eines Blattes zeigt Abb. 87. Außen liegt die Lederhaut, darunter das sog. Palisadengewebe. Beide werden von ultrarotem Licht geradlinig und fast ungeschwächt durchstrahlt. Nach der Unterseite des Blattes hin folgt dann das sog. Schwammparenchym, das sehr viele mit Luft gefüllte Zwischenräume enthält. Hier tritt deshalb häufig Totalreflexion ein, wobei die ultrarote Strahlung größtenteils nach allen möglichen Richtungen zerstreut, oben wieder austritt. Die Lufteinschlüsse bedingen also für das Ultrarot genau so wie beim Schnee für das gesamte sichtbare Licht eine Zerstreuung der Strahlung nach der Eintrittseite hin. Ein Blatt, bei dem die Lufteinschlüsse künstlich mit Wasser gefüllt sind, ist für das photographisch wirksame Ultrarot völlig durchlässig. Natürlich ist der Weg des sichtbaren Lichtes im Blatt ein ganz ähnlicher. Es werden aber dabei bestimmte Wellenlängen, nämlich hauptsächlich ein schmales Wellenlängengebiet im Rot und fast alles Blau und Violett, im Blatt verschluckt, und das austretende Licht sieht grün aus.

Weshalb hat wohl das Blatt diese merkwürdige Einrichtung, mit der es das Licht zwingt, kreuz und quer in seinem Gewebe herumzulaufen und möglichst lange Wege darin zurückzulegen? Der Teil des Lichtes, der vom Blattgrün verschluckt wird, hat eine sehr wichtige Aufgabe zu verrichten. Die Existenz des Lebens auf der Erde hängt ganz wesentlich von dieser Verrichtung ab. Die Natur hat dafür gesorgt, daß das Licht eine möglichst günstige Gelegenheit hat, sein Werk zu tun. Die Zerstreuung des Ultrarot nach oben bedingt zugleich, daß das Blattwerk eine schattenspendende Wirkung auch für das Ultrarot besitzt, obwohl die Blattfarbstoffe für diese Strahlung durchsichtig sind. Das ist für den Wärmehaushalt des Waldes von Bedeutung. So enthüllt uns die Ultrarotphotographie hier wieder eines jener Naturwunder, an dem kein empfindender Mensch ohne ehrfürchtiges Staunen vorübergehen wird.

Die Ultrarotphotographie hat viele praktische Anwendungen gefunden. Abb. 88 zeigt einige schwarze Stoffproben. Im ultraroten Licht sind sie nicht alle schwarz. Der schwarze

Stoff „*E*“ wird verhältnismäßig kühl sein, dagegen der
Stoff *G* „warm“. Die Haut der in heißen Gegenden der
Erde wohnenden Neger reflektiert ultrarotes Licht. Auf

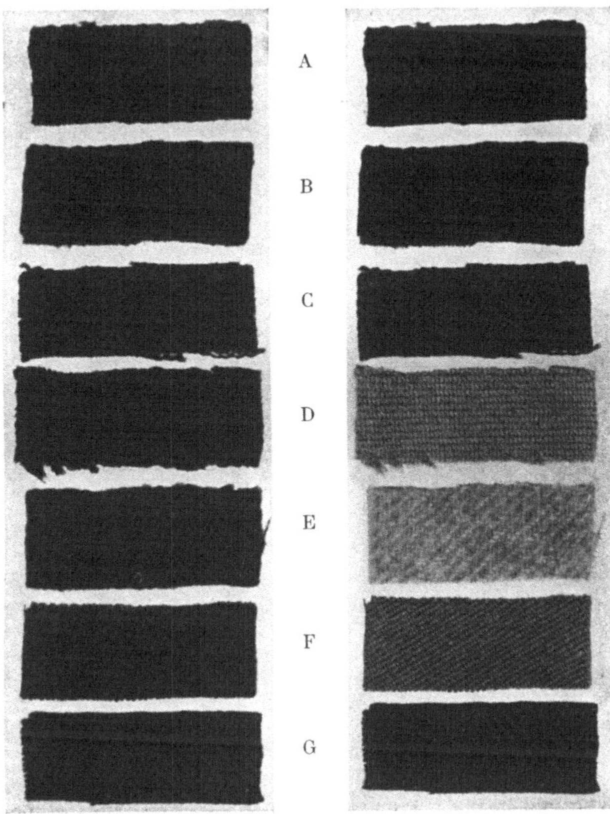

Normale Aufnahme.   Abb. 88.   Infrarotaufnahme.

Sieben Stoffmuster von schwarzer Farbe, die Infrarotaufnahme zeigt die
gleichen Stoffmuster, der verschieden großen Infrarotreflexion entsprechend
verschieden hell. (Aus Helwich, Die Infrarot-Fotografie. Harzburg:
Heering Verlag.)

einer Photographie mit Ultrarot sieht ein Neger „weiß“
aus. Es gibt auch mancherlei schwarze Wüstentiere. Ob sie
ebenfalls Ultrarot reflektieren, was sehr wahrscheinlich ist,
ist bisher anscheinend nicht untersucht worden. Ganz un-

leserlich gewordene alte Texte können häufig mit Hilfe einer Ultrarotphotographie gut leserlich werden, wenn die Tinten oder Farbstoffe, mit denen die Texte geschrieben wurden, ultrarotes Licht stärker absorbieren als die Unterlage (Abb. 89).

Orthochromatische Platte. Abb. 89. Ilford-Infrarotplatte +
Ilford-Infrarotfilter.

Dieses Aufnahmepaar zeigt einen Papyrus, der durch eine Infrarotaufnahme lesbar gemacht werden konnte. Der Papyrus stammt aus der Sammlung der Österreichischen Nationalbibliothek in Wien. (Aus Helwich, Die Infrarot-Fotografie. Harzburg: Heering Verlag.)

b) Ultraviolettes Licht.

Versucht man mit einem empfindlichen Strahlungsempfänger, etwa einem Thermoelement oder Bolometer, jenseits des violetten Teils im Spektrum eine Strahlung durch ihre Wärmewirkung nachzuweisen, so erhält man bei unseren gebräuchlichen Lichtquellen eine kaum merkliche Erwärmung. Im Sonnenspektrum wird aber eine Wirkung leicht nachweisbar sein. Es gibt aber andere, sehr viel empfindlichere Mittel, die uns das Vorhandensein einer unsichtbaren kurzwelligen Strahlung, des ultravioletten Lichtes, verraten. Das Licht der Sonne, einer Bogenlampe, des Quecksilberlichtbogens und das

Licht eines elektrischen Funkens, der zwischen zwei Elektroden aus Magnesium oder Aluminium erzeugt wird, enthält verhältnismäßig viel unsichtbares ultraviolettes Licht. Ein Schirm, der mit einer Schicht fein pulverisierter Sidot-Blende bedeckt ist, einer Substanz, die durch Licht zu hellem grünem Aufleuchten gebracht wird, leuchtet, wenn man ein Sonnenspektrum darauf entwirft, noch weit jenseits des violetten Endes des sichtbaren Spektrums. Das unsichtbare ultraviolette Licht wird in dem phosphoreszierenden Stoff in langwelliges grünes Licht umgewandelt, das auch im Dunkeln mit allmählich abnehmender Helligkeit nachleuchtet. Wir lernen hierbei eine ganz neuartige Erscheinung, die *Frequenzumwandlung* des Lichtes, kennen. Diese Phosphoreszenz ist ebenso wie die nur während der Belichtung erfolgende Lichtaussendung vieler Stoffe, die Fluoreszenz, ein sehr verwickelter Vorgang. Das ultraviolette Licht ist besonders geeignet, es zu erregen. Viele organische Stoffe, Haare, Nägel, Augen leuchten bei Bestrahlung mit ultraviolettem Licht hell auf. Ein geeignetes Filter, das nur ultraviolettes Licht durchläßt, ist z. B. ein Silberniederschlag auf einer Quarzplatte. Wenn man eine Versteinerung mit ultraviolettem Licht bestrahlt, fluoreszieren häufig die organischen Reste der Muscheln, die am Stein haften, so hell, daß man die Einzelheiten viel besser sehen und photographieren kann (Abb. 90).

Das ultraviolette Licht wirkt auch stark auf die photographische Platte. Die Ausmessung der Wellenlängen geschieht daher photographisch mit Hilfe geeigneter Gitter. Die Linsen bestehen aus ultraviolett durchlässigem Quarz. Gewöhnliches Glas ist für ultraviolettes Licht fast undurchlässig. Für sehr kurzwelliges Ultraviolett ist Flußspat noch durchlässig. Endlich wird aber auch die Luft undurchlässig, und man muß dann mit einem Reflexionsgitter und Hohlspiegeln statt Linsen in luftleer gepumpten Spektralapparaten und mit besonders präparierten photographischen Platten arbeiten. So konnte man mit geeigneten Lichtquellen bis zu einer kleinsten Wellenlänge von etwa 70 Å vordringen. Diese Wellenlänge beträgt nur den 70. Teil einer mittleren Wellenlänge des sichtbaren Lichtes.

b)

Abb. 90. a) Palinurina tenera Opp. aus dem lithographischen Kalk von Solnhofen (Geol. palaeont. Institut der Technischen Hochschule Charlottenburg). Aufnahme im Tageslicht. b) Aufnahme des gleichen Objektes im Fluoreszenzlicht, das durch ultraviolettes Licht erregt wurde.

Das ultraviolette Licht zeigt noch eine Reihe spezifischer
Eigenschaften, die dem sichtbaren und ultraroten Licht fehlen. Die starke Reizung und Bräunung der Haut durch ultraviolettes Licht ist jedem wohlbekannt. Auch die Netzhaut des
Auges kann durch ultraviolettes Licht geschädigt werden.
Daraus ersieht man, daß dieses unsichtbare Licht zum Teil
in das Auge eindringen kann. Daß wir es nicht sehen, beruht
also nicht etwa darauf, daß es gar nicht bis zur Netzhaut
gelangt. Für die Medizin ist die antirachitische Wirkung von
größter Bedeutung. Es handelt sich hierbei um eine chemische
Wirkung des ultravioletten Lichtes, bei der aus Ergosterin
das antirachitische Vitamin D gebildet wird. Auf einige andere
Eigenschaften dieses kurzwelligen Lichtes kommen wir noch
zurück. Die Wellenoptik kann keinerlei Erklärung dafür
geben, weshalb das kurzwellige Licht so energische Wirkungen zeigt.

XI. Unsere Lichtquellen.

Unsere wichtigste Lichtquelle ist die Sonne. Unser Auge
ist, wie Goethe sagt, „sonnenhaft“, es ist für das Licht der
Sonne zweckmäßig abgestimmt. Das
Auge ist für Licht verschiedener
Wellenlängen verschieden empfindlich. Dies zeigt Abb. 91. Bei gleicher
Energie der Strahlung wird grünes
Licht der Wellenlänge 5550 Å E. am
hellsten empfunden. Sonnenlicht enthält alle möglichen Wellenlängen
des sichtbaren Lichtes und noch
solche weit über die Grenze des
sichtbaren Lichtes hinaus, aber der
Höchstwert der Energie im Spek-

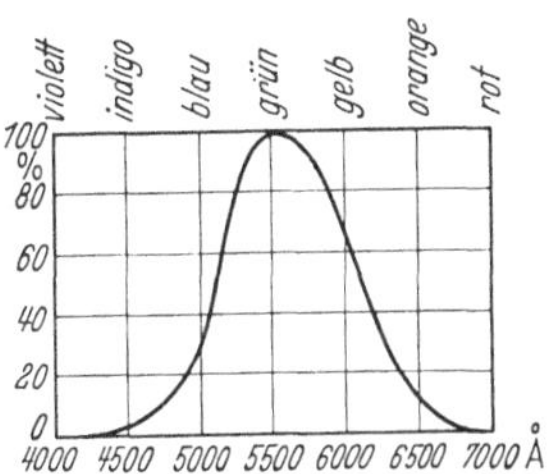

Abb. 91. Empfindlichkeits-
kurve des Auges für Licht
verschiedener Wellenlänge.

trum liegt im Grünen, dort wo das Auge des Menschen und
auch wohl das der meisten Tiere am empfindlichsten ist. Man
kann nach bekannten Gesetzen der Temperaturstrahlung daraus entnehmen, daß die Temperatur der Sonnenoberfläche
nahezu 6000° beträgt. Fast 40% der Gesamtstrahlung der

Sonne besteht aus sichtbarem Licht. Die Sonne erfüllt aber nicht nur die Aufgabe, uns Licht zu liefern, ihre Strahlung erwärmt uns und versorgt uns durch die photochemischen Vorgänge in den Pflanzen mit Nahrung und Brennstoffen. Von den künstlichen Lichtquellen verlangen wir anderseits nur, daß sie uns Licht zum Sehen liefern. Eine gute Lichtquelle muß hell, wirtschaftlich und in der Farbe dem Sonnenlichte ähnlich sein. Zur Heizung dient uns der Ofen oder die Zentralheizung durch die ultrarote Strahlung, die sie liefern. Wir erwarten heute von unserem Ofen nicht mehr, daß er unsere Nächte erhellt, wie das Lagerfeuer der Nomaden oder das behagliche offene Kaminfeuer.

Die gebräuchlichsten Lichtquellen sind trotzdem Temperaturstrahler, meist glühende feste Körper. Sie strahlen deshalb nicht nur sichtbares Licht, sondern auch ultrarotes wie die Sonne und wie unsere Öfen. In den Glühlampen bringen wir einen Wolframdraht im Vakuum oder in einer Atmosphäre von Stickstoff durch den elektrischen Strom zum Glühen. Obwohl der Umsatz der zugeführten elektrischen Energie in Strahlung hierbei ein fast vollständiger ist, sind die Glühlampen doch sehr unwirtschaftliche Lichtquellen. Wolfram schmilzt erst bei einer Temperatur von 3380°. Es ist das am schwersten schmelzbare Metall. Aber auch unter den günstigsten Bedingungen verträgt selbst dieser Werkstoff für längere Zeit keine höhere Temperatur als 2700°. Bei einer so niedrigen Temperatur ist der ultrarote Anteil der Strahlung noch sehr groß, der im Sichtbaren gelegene Anteil beträgt weniger als 10% der Gesamtstrahlung. Mehr als 90% dient also lediglich zur Heizung unserer Räume, auch wenn wir gar keinen Wert darauf legen.

Eine vom wirtschaftlichen Standpunkt ideale Lichtquelle wäre eine solche, die die ganze zugeführte Energie in Licht von nahezu *der* Wellenlänge umsetzte, für die das Auge die größte Empfindlichkeit hat. Diese Lichtquelle hätte die maximalmögliche Lichtausbeute. Sie wäre allerdings einfarbig, und bei ihrem Lichte wäre eine Farbunterscheidung nicht möglich. Bei der Beleuchtung von Straßen könnte man diesen Nachteil schon mit in Kauf nehmen.

Aus Tab. 2 entnimmt man, daß die Lichtausbeute der üblichen Temperaturstrahler nur einen sehr kleinen Bruchteil dieser idealen Lichtausbeute beträgt.

Tabelle 2.

		Lichtausbeute in % der optimalen
Temperaturstrahler	Gasglühlicht	0,2
	Kohlenfadenlampe	0,4
	Kohlenbogenlampe	1—2
	Luftleere Wolframlampe	1,5
	Gasgefüllte hochkerzige Wo-Lampe	4

Wir besitzen aber noch die Möglichkeit, das Linienspektrum der Elemente im Dampf oder Gaszustand, z. B. durch elektrische Entladungen, zu erregen. Beispiele sind: die Reklameleuchtröhren, Quecksilberbogenlampen und Natriumdampfbogenlampen. In der Natur finden wir diese Art des Leuchtens beim Nordlicht verwirklicht. Die Atome der Materie werden bei dieser Lichterregung direkt durch den Stoß von Elektronen, den bekannten negativ geladenen Atomen der Elektrizität, die wir in den Kathodenstrahlen als schnell bewegte Geschosse kennen, zum Leuchten gebracht. In den technischen Entladungsröhren werden die Elektronen durch die an das Rohr angelegte Spannung beschleunigt. Die Temperatur kann dabei niedrig sein. Es ist bei diesem „kalten Luminiszenzleuchten" im Gegensatz zum Temperaturleuchten, das durch die heftigen Zusammenstöße der Atome bei hoher Temperatur erregt wird, möglich, zu erreichen, daß ein größerer Teil der zugeführten Energie in sichtbares Licht einer Farbe, für die das Auge recht empfindlich ist, umgesetzt wird. Man erreicht mit Metalldampfbogenlampen eine Lichtausbeute, die bis zu 12% der idealen geht (siehe Tab. 3), also zwei- bis dreimal so groß ist wie bei den Wolframlampen. Bei Quecksilberlampen kann man auch noch den beträchtlichen ultravioletten Anteil der Strahlung für das Auge nutzbar machen, indem man phosphoreszierende Stoffe auf die innere Fläche der Glashülle der Leuchtröhre aufträgt.

Tabelle 3.

Luminiszenzstrahlen	Metalldampfbogenlampen bis maximal	12%
	Feuerfliege	96%

Es gibt viele leuchtende Lebewesen. Am bekanntesten sind bei uns Johanniskäfer (Glühwürmchen), die an warmen Sommerabenden im Grase leuchten. Das sind flügellose Weibchen, die ihre ebenfalls leuchtenden geflügelten Liebhaber erwarten. Aber auch Leuchtbakterien, Pilze, Quallen, vor allem Tiefseefische, die mit den wunderbarsten, scheinwerferartigen Leuchtorganen ausgerüstet sind, und viele Arten von Feuerfliegen sind weit verbreitet. Das Leuchten wird durch chemische Oxydationsvorgänge im Organismus hervorgerufen. Bei manchen Lebewesen gehen diese Vorgänge ganz innerhalb der Zellen vor sich, bei anderen sondern bestimmte Drüsenzellen die leuchtende Materie nach außen ab. Die oxydierbare Substanz ist eine kompliziert aufgebaute organische Verbindung, das sogenannte Luziferin. Die Oxydation wird durch einen besonderen Katalysator, die Luziferase, in Gang gesetzt. Beide Stoffe können aus den leuchtenden Organen extrahiert und in Reagenzgläsern auf ihre Wirkung hin untersucht werden. Es sind nur sehr geringe Mengen von Sauerstoff erforderlich, um das Leuchten hervorzurufen. Das oxydierte Luziferin (Oxyluziferin) wird im Körper wieder zu Luziferin reduziert und kann dann aufs neue unter Lichtaussendung oxydiert werden. Es wird also stets die gleiche Menge Substanz als Brennmaterial wieder verwendet. Der Umsatz der bei der Oxydation frei werdenden chemischen Energie in sichtbares Licht ist ein fast vollständiger. Das Spektrum des Lichtes besteht in einem breiten Spektralband, häufig mit dem Höchstwert der Energie im Grün. Auf diese Weise wird tatsächlich in manchen Fällen eine Lichtausbeute von 96% der maximal möglichen für das menschliche Auge erreicht, wie I v e s und C o b l e n z an dem Lichte einer Feuerfliege nachweisen konnten! Glaskolben, die eine Kultur von Leuchtbakterien (bacterium phosphoreum) auf einem geeigneten Nährboden enthalten, liefern etwa eine Woche lang eine ziemlich helle, bläulichgrün leuchtende Lichtquelle.

Man kennt heute viele chemische Oxydationsvorgänge, die von einer starken Lichtaussendung begleitet sind, und es ist möglich, daß sie als wirtschaftliche Lichtquellen einmal Bedeutung gewinnen werden. Vorerst ist aber die Natur auch auf dem Gebiete der Lichterzeugung wenigstens hinsichtlich der Energieausnutzung der menschlichen Technik weit überlegen.

XII. Etwas von dem, was uns die Spektrallinien erzählen.

a) Anwendung der Spektralanalyse.

Schon Herschel und Talbot zu Anfang des 18. Jahrhunderts wußten, daß man aus den Spektrallinien, die von leuchtenden Stoffen im Dampf- oder Gaszustand ausgestrahlt werden, auf die chemische Natur der Stoffe schließen kann. Sehr geringe Stoffmengen reichen zum Nachweis aus. Aber erst Kirchhoff und Bunsen erkannten, daß jedes chemische Element, also jede Atomart, bestimmte kennzeichnende Spektrallinien liefert, unabhängig von der Anwesenheit anderer Stoffe und unabhängig von der chemischen Verbindung, in der das Element vorhanden ist. Diese Entdeckung hatte alsbald die Auffindung neuer Elemente auf spektralanalytischem Wege zur Folge. Kirchhoff und Bunsen entdeckten 1860 im Dürckheimer Mineralwasser das Cäsium, 1861 das Rubidium. Crookes fand im Spektrum des Schlammes einer Schwefelsäurefabrik das Thallium. Später wurde von Reich und Richter das Indium, von Winkler das Germanium, von Lecocq de Boisbaudran das Gallium und Samarium aufgefunden. Auch die Edelgase Helium und Neon sind von Ramsay und Travers durch ihr Spektrum entdeckt worden.

Die spektralanalytischen Verfahren sind in neuerer Zeit sehr verbessert worden und haben erneut an Bedeutung gewonnen, vor allem, weil sie dank der Bemühungen von W. Gerlach nunmehr auch für mengenmäßige Bestimmungen brauchbar sind. Unsere Kenntnisse über die Spektren sind seit der Entdeckung von Kirchhoff und Bunsen sehr gewachsen. Man fand in der ungeheuer großen Zahl der Spektrallinien viele fast gleicher Wellenlänge, die aber verschiedenen Elementen angehören. Man fand ferner, daß das

Spektrum des gleichen Elementes verschieden ausfällt, je nachdem, wie das Leuchten erregt wird, ob z. B. ein elektrischer Funke, ein Lichtbogen oder eine Flamme verwendet wird. In dem einen Falle können bestimmte Spektrallinien stark auftreten, die in einem anderen völlig fehlen, wenn die gleiche Probe untersucht wird. Eine große Erfahrung ist deshalb erforderlich, und es mußten genaue Vorschriften ausgearbeitet werden, damit Trugschlüsse vermieden wurden.

Das Anwendungsgebiet der Spektralanalyse ist aber sehr groß und mannigfaltig: Die Untersuchung von Mineralien, Gläsern, Heilquellen auf kleine Mengen seltener Erden oder anderer Elemente, quantitative Reinheitsprüfung von Metallen oder von Substanzen, die für chemische Atomgewichtsbestimmungen dienen sollen, Untersuchung von Metalllegierungen auf ihre Zusammensetzung und vieles andere. In der gerichtlichen Medizin kann man bei Vergiftungen oder Schußwunden häufig über die Art des Giftes, und durch die Prüfung des Wundgewebes auf Metallspuren über die Art des Geschosses Auskunft erhalten. Auch bei gewissen Gewerbekrankheiten, z. B. Staublunge von Bergarbeitern, sind wertvolle Feststellungen möglich. Winzige Mengen von Schwermetallen spielen im Stoffwechsel eine bedeutende Rolle. Ihre Verteilung, Ablagerung und Ausscheidung kann man mengenmäßig verfolgen. Schon B u n s e n hat in der herausgenommenen Augenlinse von Staroperierten, die einige Zeit vor der Operation ein Lithiumsalz eingenommen hatten, Lithium spektralanalytisch nachgewiesen. Daß sogar für die Kunstgeschichte die Spektralanalyse wertvoll sein kann, soll folgendes Beispiel zeigen:

Abb. 92 stellt einen schönen alten Becher aus rotem Glas mit Goldarbeit dar. Für die kunstgeschichtliche Bestimmung war es wesentlich, zu wissen, ob das Glas ein sogenanntes Goldrubinglas oder ein Kupferrubinglas ist. Der färbende Bestandteil ist in dem einen Falle kolloidales Gold, im andern kolloidales Kupfer. Ohne das Glas zu beschädigen, ist das schwer zu ermitteln. Die große Empfindlichkeit der Spektralanalyse gestattete es W. G e r l a c h , in einer winzigen Menge von Glaspulver, das an einer etwas ausgesplitterten

Stelle mit einer Nadel abgeschabt wurde, eindeutig Gold- und
Zinnlinien aufzufinden (Abb. 93).

Der färbende Bestandteil ist der schon A. Cassius im
17. Jahrhundert bekannte Goldpurpur, der durch Reduktion
von verdünnter Goldchloridlösung durch teilweise oxydiertes
Zinnchlorür entsteht. Der Goldpurpur besteht aus einer Ad-
sorption von kolloidalem Gold an Zinnsäure. Man kann das

Abb. 92. Alter Becher aus Rubinglas.
(Museum für Kunsthandwerk,
Frankfurt a. M.)

Abb. 93. Spektralanalytische Untersuchung einer Glasprobe des Bechers.
(Nach Gerlach).

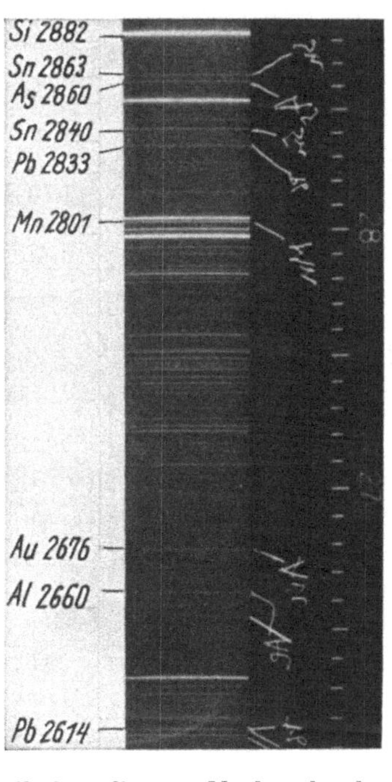

fein verteilte Gold in einem Glasfluß auflösen. Nach schnel-
lem Abkühlen erhält man ein farbloses Glas, das beim Er-
wärmen rot wird. Ein Teil Gold auf 100 000 Teile Glas gibt
noch ein prächtiges Rosa.

Johann Kunckel (1630—1703), ein bekannter Natur-
forscher seiner Zeit, der gewöhnlich zu den Alchimisten ge-
rechnet wird, hat das Verdienst, als erster größere Mengen
von Rubinglas hergestellt zu haben. Von ihm stammt ohne
Zweifel auch der hier abgebildete Becher.

b) Das Licht der Sonne und der Sterne.

Das Spektrum der Fixsterne ist ebenso wie das der Sonne
ein kontinuierliches. Viele Fixsterne haben aber für das Auge
eine andere Farbe als die Sonne. Es gibt ausgesprochen rote,
gelbe und weiße Sterne. Das liegt an der verschieden hohen
Temperatur der Fixsterne. Eine Temperaturbestimmung ist
nach dem bekannten Gesetze der Temperaturstrahlung möglich, wenn man ermittelt, bei welcher Wellenlänge der
Höchstwert der Strahlungsintensität liegt. Die weißen Sterne
sind heißer, die roten kälter.

Alle Sterne haben ebenso wie die Sonne Spektrallinien
im Spektrum, die, außer bei bestimmten Sternen, dunkler
sind als der Untergrund. Das sind die von Fraunhofer
in der Sonne entdeckten Fraunhoferschen Linien.

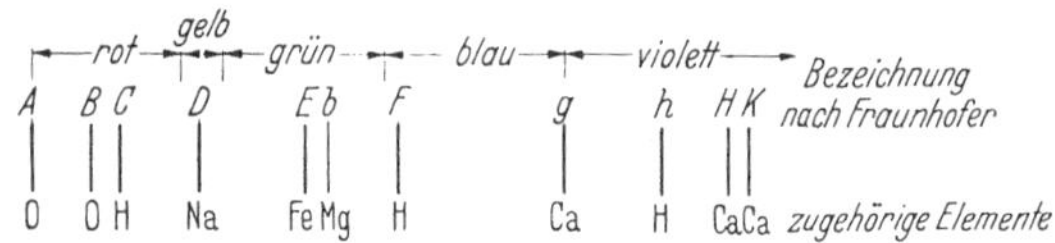

Abb. 94. Die stärksten Fraunhoferschen Linien im Sonnenspektrum.

Über 20000 Fraunhofersche Linien sind in der Sonne
beobachtet. Kirchhoff und Bunsen verdankt man die
wichtige Entdeckung, daß diese Linien genau an den Stellen
des Spektrums auftreten, an denen die Emissionslinien bekannter irdischer Elemente liegen. Auf diese Weise ist es
möglich, die auf der Sonne und den Sternen vorhandenen
Elemente zu ermitteln. Das Helium wurde sogar von Nor-
man Lockyer auf der Sonne mit dem Spektroskop entdeckt, ehe es auf der Erde bekannt war. Die meisten dunklen
Fraunhoferschen Linien entstehen beim Durchgang der
kontinuierlichen Sonnenstrahlung durch die Sonnenatmosphäre, die sogenannte Chromosphäre, einige auch erst in der
Atmosphäre der Erde. Die Sonnenatmosphäre selbst sendet
helle Spektrallinien aus, aber im kontinuierlichen Spektrum
erscheinen die Linien dunkel, weil gerade an diesen Stellen
das durchgehende Licht stark geschwächt wird. Die stärksten
Fraunhoferschen Linien, ihre Bezeichnung und Zuordnung zeigt Abb. 94.

118

Die hellen Linien der dampfförmigen Sonnenatmosphäre
kann man in der sogenannten umkehrenden Schicht, einer
schmalen Dampfhülle oberhalb der äußeren Sonnenbegren-
zung, der Photosphäre, für einige wenige Augenblicke beobachten, wenn bei einer Sonnenfinsternis der fortschrei-
tende Mond gerade eben noch einen ganz schmalen Rand
der Sonnenoberfläche auf der einen Seite frei läßt. Die
Linien des Wasserstoffs, des Heliums und vieler Metalle
treten hier auf. Wenn die Mondscheibe die Sonne ganz verdeckt, erscheint ein roter, 10—15 Bogensekunden breiter
Ring um die Sonne. Das ist die Chromosphäre mit den
Protuberanzen. Weiter außen schließt als silberweißer Saum
die Sonnenkorona an. In der Chromosphäre findet man
hauptsächlich Wasserstoff-, Helium- und Kalziumlinien, aber
auch Spektrallinien anderer Metalle. Im Lichte der Korona
sind mehrere, sonst unbekannte, helle Spektrallinien aufgefunden worden; zum Beispiel die schon von Young 1869
entdeckte grüne Linie 5303 Å und mehrere rote Spektrallinien. Neuerdings ist es dem französischen Astronomen
B. Lyot gelungen, einen Koronographen zu konstruieren,
mit dem man die Korona und ihr Spektrum photographieren
kann, auch wenn die Sonne nicht verfinstert ist. Das Bild

Tabelle 4.

Spektralklasse	Temperatur °C	Farbe	Spektrum
O	$> 28\,000$	weiß	Hauptklasse der Sterne mit hellen Linien.
B	$21\,000—17\,000$	,,	Dunkle Linien, Wasserstoff und Helium.
A	$13\,000—10\,000$	,,	Wasserstoff maximal, Helium schwach. Kalzium (H u. K) zunehmend.
F	$8\,000—7\,000$	gelblich	Wasserstoff schwächer, Kalzium stark.
G	$6\,000—5\,000$	gelb (Sonne)	Kalzium H u. K maximal. Andere Metallinien.
K	$4\,300—3\,400$	tiefgelb	Kalzium H und K abnehmend, andere Metallinien.
M	$\sim 3\,000$	gelbrot	Kalziumlinie G maximal, Kalzium H u. K schwach oder nicht vorhanden.

der Sonnenscheibe wird dabei innerhalb des Fernrohrs vollständig abgedeckt. Man glaubte früher, daß das von der Atmosphäre zerstreute Licht und fehlerhafte Stellen, Kratzer und Staub auf der Linse eine solche Anordnung unwirksam machen würden. Lyot hat sein Fernrohr mit einer besonders fehlerfreien Optik versehen, Staub auf den Linsen soweit als möglich vermieden und durch ein Rotfilter das zerstreute Himmelslicht so stark geschwächt, daß ihm auf dem 2870 m hohen Pic du Midi in den Pyrenäen ausgezeichnete Koronaaufnahmen gelungen sind. Daß es jetzt möglich ist, die Korona an jedem klaren Tage zu photographieren, ist für die Sonnenphysik von großer Bedeutung.

Viele gelbe Fixsterne zeigen ähnliche Spektren wie die Sonne. Man hat die Sterne dieser Spektralklasse als G-Sterne bezeichnet. Die roten und weißen Sterne, die eine andere Temperatur besitzen als die Sonne, unterscheiden sich auch von der Sonne durch das Aussehen ihres Linienspektrums. Die Tabelle 4 gibt eine kurze Übersicht über die wichtigsten Sternklassen.

Man darf aus dem Fehlen der Spektrallinien bestimmter Elemente nicht etwa schließen, daß die betreffenden Elemente auf dem Stern nicht vorhanden sind. Man weiß aber heute so viel über die Bedingungen, unter denen bestimmte Spektrallinien erregt werden, daß man z. B. aus den kennzeichnenden Linienspektren der Sterne wiederum ihre Temperatur abschätzen kann. Es ergeben sich sehr nahe die gleichen Werte, die man auch aus der Wellenlänge größter Energie im kontinuierlichen Spektrum ermittelt.

c) Der Dopplereffekt.

Wir denken uns einen Beobachter, der sich mit etwa 30 m/sec (Schnellzugsgeschwindigkeit) auf eine Schallquelle zu bewegt. Das ist nahezu ein Zehntel der Schallgeschwindigkeit. Es müssen dann in der Zeiteinheit ein zehntelmal mehr Schwingungen das Ohr des Beobachters treffen als in der Ruhe. Wenn die Schallquelle 400 Schwingungen in der Sekunde aussendet, so hört der Beobachter den *höheren* Ton von 440 Schwingungen pro Sekunde. Wenn der Beobachter

sich von der Schallquelle entfernt, so wird umgekehrt der
Ton auf 360 Schwingungen pro Sekunde erniedrigt. Das ist der
Dopplereffekt [1] in der Akustik. Eine einfache Überlegung
zeigt, daß es in der ersten Näherung gleichgültig ist, ob der
Beobachter oder die Schallquelle sich bewegt. In der Tat
kann jedermann die Erniedrigung des Tones beobachten,
wenn eine pfeifende Lokomotive an ihm vorüberfährt. Bestimmt man die Änderung der Frequenz quantitativ, so kann
man die Geschwindigkeit der Schallquelle ermitteln.

Das Dopplersche Prinzip gilt für alle Arten von Wellenvorgängen. Es muß deshalb auch eine auf uns zueilende
Lichtquelle ihre Farbe nach Blau, eine von uns forteilende
nach Rot ändern. Wegen der außerordentlichen Größe der
Lichtgeschwindigkeit macht sich der optische Dopplereffekt erst bei einer sehr großen Geschwindigkeit der Lichtquelle bemerkbar. Man kann auch dann kaum erwarten, einfach mit dem Auge eine Farbänderung zu sehen. Im Spektrum erscheinen aber die Spektrallinien etwas nach kürzeren
oder längeren Wellenlängen verschoben, je nachdem die
Lichtquelle sich auf den Spektralapparat zu oder von ihm
fort bewegt.

Die Fixsterne besitzen Radialgeschwindigkeiten gegen das
Sonnensystem, die zwischen einigen wenigen Kilometern und
mehreren hundert Kilometern pro Sekunde liegen. Die
Fraunhoferschen Linien auf dem Stern zeigen deshalb
einen Dopplereffekt. Bei den weit entfernten Spiralnebeln,
die als getrennte Milchstraßensysteme anzusehen sind, hat
man außerordentlich große Linienverschiebungen nach Rot
gefunden. Diese Weltsysteme scheinen mit um so größerer
Geschwindigkeit von uns zu fliehen, je weiter sie schon entfernt sind. Man hat Geschwindigkeiten bis zu 25 000 km/sec
aus der Linienverschiebung ausgerechnet! Ob es sich bei diesen großen Linienverschiebungen, bei denen eine Spektrallinie tatsächlich in ein für das Auge ganz andersfarbiges Gebiet des Spektrums verlagert wird, wirklich um die Folge
einer so ungeheuer großen Radialgeschwindigkeit, also um
einen Dopplereffekt handelt, ist noch nicht erwiesen. Jeden-

---

[1] Nach dem österreichischen Physiker Doppler 1842.

falls haben wir es aber mit einer höchst merkwürdigen Beobachtung zu tun, deren Aufklärung von großer Wichtigkeit ist.

Eine Stelle auf der Sonnenoberfläche hat wegen der ostwestlichen Sonnenrotation um ihre Achse eine Geschwindigkeit von rund 2 km/sec. Am Ostrande findet deshalb eine Verschiebung der Spektrallinien nach Violett, am Westrande nach Rot statt. Unter den Fraunhoferschen Linien der Sonne gibt es auch solche, die erst in der Erdatmosphäre entstehen. Diese zeigen keinen Dopplereffekt und können dadurch als atmosphärische Linien erkannt werden.

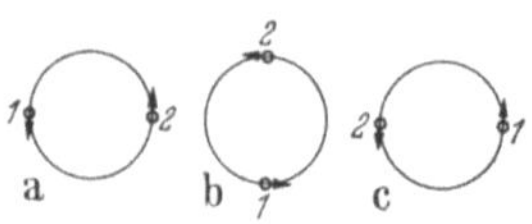

Abb. 95. Zum Dopplereffekt bei Doppelsternen.

Die Spektrallinien von Doppelsternen erscheinen in regelmäßigen Zeitabständen abwechselnd verdoppelt und einfach.

Abb. 96. Linienverdoppelung bei Doppelsternen (Dopplereffekt). (Aus Newcombs Astronomie für Jedermann. 4. Aufl. Jena: Gustav Fischer 1922.)

Während die beiden Sterne 1 und 2 um ihren gemeinsamen Schwerpunkt kreisen, nähert sich der eine der Erde, während sich der andere von ihr entfernt (Abb. 95, Stellung *a* und *c*). Die Linien sind dann verdoppelt. Dazwischen gibt es eine Stellung (*b*), bei der keiner der beiden Sterne eine gesonderte Geschwindigkeit auf unser Sonnensystem zu besitzt und nur einfache Spektrallinien auftreten. Abb. 96 zeigt die Spektrallinien solch eines spektroskopischen Doppelsternes. Das Spektroskop verrät uns, daß wir einen Doppelstern vor uns haben und ermöglicht die Bestimmung der Umlaufzeit, auch wenn es sich um ein so enges Paar handelt, daß die größten Fernrohre nur einen einzigen Stern erkennen lassen.

Alle die bisher betrachteten Fälle betreffen die Bewegung außerirdischer Körper. Im Laboratorium kann man den Dopplereffekt besonders schön an dem Leuchten der schnell bewegten Atome in den Kanalstrahlen beobachten. Diese Entdeckung verdankt man J. S t a r k. Die Kanalstrahlteilchen werden als positive Ionen in einer Entladungsröhre mit verdünntem Gas durch eine Spannung von etwa 30000 Volt auf die Kathode zu beschleunigt und treten durch einen Kanal in der Kathode in einen feldfreien Raum, in dem sie als leuch-

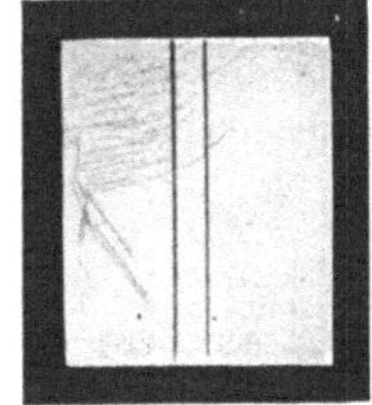

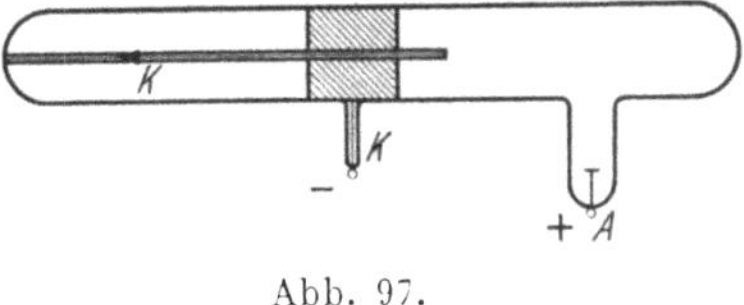

Abb. 97.   Abb. 98.

Abb. 97. Kanalstrahlenrohr.

Abb. 98. Dopplereffekt mit dem Lichte der Kanalstrahlen (nach B i l l i n g).
Wasserstofflinie H_β R „ruhendes“, B „bewegtes“ Leuchten.

tendes Bündel sichtbar sind (Abb. 97). Wasserstoffatome erhalten dann eine Geschwindigkeit von rund 2500 km/sec! Die Linienverschiebung nach Blau, die man erhält, wenn die Strahlen auf den Spektralapparat zu laufen, ist leicht zu beobachten. Neben der verschobenen Spektrallinie erhält man auch die unverschobene, da auch das ruhende Wasserstoffgas durch die Kanalstrahlen zum Leuchten erregt wird. Eine schöne Aufnahme des D o p p l e r effektes mit Wasserstoffkanalstrahlen ganz einheitlicher Geschwindigkeit zeigt Abb. 98. Die Geschwindigkeit der Strahlen läßt sich einerseits aus der Linienverschiebung, anderseits aus der beschleunigenden Spannung ermitteln. Auf beiden Wegen kommt man zum gleichen Ergebnis.

Fabry und Buisson ließen eine weiße Pappscheibe, die
mit dem Lichte einer Quecksilberlampe beleuchtet wurde, mit
großer Geschwindigkeit umlaufen. Die Umlaufsgeschwindigkeit
am Scheibenrand betrug 100 m/sec. Von der Seite gesehen erscheint die Scheibe als eine sehr schmale Ellipse, deren oberer
und unterer Rand sich mit 100 m/sec auf den Beobachter zu
bzw. von ihm fort bewegt. Mit einem Spektralapparat, der sehr
kleine Wellenlängenänderungen zu messen gestattet, ließ sich
der Dopplereffekt an den Quecksilberlinien nachweisen,
wenn man das Licht von dem zurückweichenden oder auf den
Beobachter zueilenden Scheibenrand in den Spektralapparat
eintreten ließ. Die Höchstgeschwindigkeit von Flugzeugen
beträgt heute 700—800 km/Std., das ist rund 200 m/sec.
Diese Geschwindigkeit ist also hinreichend zu einem Nachweis des optischen Dopplereffektes mit unseren besten
Spektralapparaten.

XIII. Elektromagnetische Wellen.

a) Grundlagen des Elektromagnetismus[1].

Den Schwierigkeiten der elastischen Lichttheorie und der
mechanischen Äthermodelle wurde ein Ende bereitet, als
J. Clerc Maxwell (1865) als Folgerung aus seiner
Elektrodynamik erkannte, daß „Licht eine elektromagnetische
Störung ist, die sich nach den elektromagnetischen Gesetzen
fortpflanzt". Schon 1856 hatten wichtige Versuche von
R. Kohlrausch und W. Weber gezeigt, daß in den Erscheinungen des Elektromagnetismus die Lichtgeschwindigkeit auftritt.

Die Maxwellsche Elektrodynamik ist eine quantitative
mathematische Formulierung der experimentellen Ergebnisse
und Anschauungen, die Faraday beim Studium der elektrischen und magnetischen Erscheinungen gewonnen hatte
und die für seine Zeitgenossen schwer verständlich waren.

---

[1] Der Inhalt dieses Abschnittes deckt sich zum Teil mit Darlegungen im
Buch von L. Hopf, „Materie und Strahlung", Bd. 30 dieser Sammlung,
doch ist er in einigen Punkten ausführlicher gehalten.

124

Ein Satz aus der bekannten Faraday-Vorlesung (1881) von
Helmholtz mag die Bedeutung der Untersuchungen von
Faraday und ihrer späteren Darstellung durch Maxwell
ins rechte Licht setzen:

„Seitdem die mathematische Interpretation von Faradays Sätzen durch Clerk Maxwell in den methodisch
durchgearbeiteten Formen der Wissenschaft gegeben ist,
sehen wir freilich, welch eine scharfe Bestimmtheit der
Vorstellungen und welche genaue Folgerichtigkeit hinter
Faradays Worten verborgen ist, welche seinen Zeitgenossen unbestimmt und dunkel erschienen, und es ist in hohem

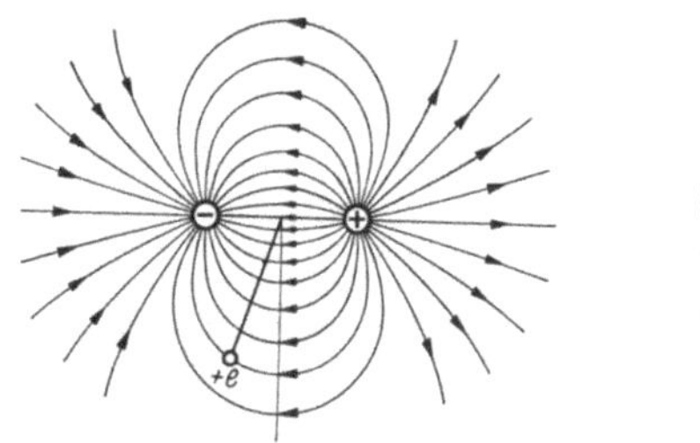
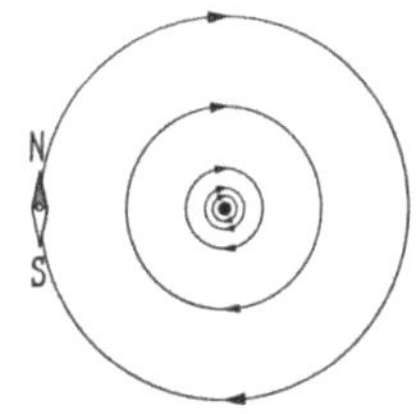

Abb. 99. Elektrostatisches Feld zwischen zwei entgegengesetzt geladenen Kugeln.

Abb. 100. Magnetfeld eines stromdurchflossenen Drahtes.

Grad merkwürdig, zu sehen, welch eine große Zahl umfas-
sender Theoreme, deren mathematischer Beweis das Auf-
gebot der höchsten Kräfte der mathematischen Analysis
erfordert, er durch eine Art innerer Anschauung mit instink-
tiver Sicherheit gefunden hat, ohne eine einzige mathematische Formel aufzustellen.‘‘

An der Spitze von Faradays Vorstellungen stehen die
Begriffe des elektrischen und magnetischen Kraftfeldes als
besonderer Zustand des Äthers, wir können auch sagen des
materiefreien Raumes. Elektrische und magnetische Kräfte
gehören ja zu denjenigen Wirkungen, die genau so wie das
Licht auch an solchen Stellen des Raumes wirksam sind und
solche Raumstellen überbrücken, die frei von jeder Materie
sind. Auch die allgemeine Massenanziehung gehört zu dieser
Art von Kräften. Abb. 99 und Abb. 100 versuchen, dem
Leser den Feldbegriff verständlich zu machen. Abb. 99 zeigt

das elektrostatische Feld zwischen zwei Kugeln, die gleiche Mengen positiver bzw. negativer elektrischer Ladungen tragen. Die Linien geben an jeder Stelle die Richtungen der Kraft auf eine positive kleine Probeladung $+e$ an. Dort, wo die Linien eng gedrängt sind, ist die Kraft groß, dort, wo sie weiten Abstand voneinander haben, klein. Das Bild gibt natürlich nur den Feldverlauf in einer Ebene, nämlich der des Papiers.

Ebenso zeigt Abb. 100 das magnetische Kraftfeld in der Umgebung eines von einem elektrischen Strom durchflossenen langen Drahtes, der senkrecht durch das Papier gesteckt ist. Die Strömung positiver Elektrizität soll von oben nach unten gerichtet sein. Die Richtung des Feldes ist diejenige, nach der der nordmagnetische Pol einer Magnetnadel sich einstellt. Daß ein elektrischer Strom eine magnetische Wirkung hat, hat Oersted (1820) entdeckt. Wir wissen heute, daß alle magnetischen Felder, auch die von permanenten Magneten, durch elektrische Ströme in der Materie hervorgerufen werden.

Die physikalischen Gesetzmäßigkeiten des elektrischen und magnetischen Ätherzustandes werden ebenso der Erfahrung entnommen wie die Gesetzmäßigkeiten des Verhaltens der Materie. Es besteht allerdings ein grundlegender Unterschied insofern, als man die Eigenschaften des Äthers nicht durch irgendwelche Veränderungen an ihm selbst wahrnehmen kann. Zustandsänderungen materieller Körper, z. B. Temperaturänderungen, werden dagegen stets an physikalischen Änderungen an den Körpern wahrnehmbar. Der Körper dehnt sich z. B. bei Temperaturerhöhung aus, er schmilzt oder verdampft usw. Der tiefere Grund dafür liegt darin, daß die Materie aus Atomen besteht, die sich im Raume bewegen können. Der materiefreie Raum enthält aber keine Atome. Den Äther darf man sich nicht als aus Atomen bestehend vorstellen, er ist selbst in keiner Weise wahrnehmbar, und auch der Begriff der Bewegung ist nach den Erfahrungen der heutigen Physik auf ihn nicht anwendbar. Die Eigenschaften des besonderen Spannungszustandes im Äther, den wir als elektrisches Feld bezeichnen, können deshalb nur aus den Kraftwirkungen erschlossen werden, die auf elektrisch geladene Probekörper ausgeübt werden. Die elektrische Ladung spielt, wie man sieht, eine doppelte Rolle: Erstens sind es elektrische Ladungen, welche wenigstens in dem bisher von uns betrachteten Falle den elektrischen Spannungszustand hervorrufen (z. B. die Ladungen auf den Kugeln in Abb. 99), zweitens kann man nur mit ihrer Hilfe den Zustand nachweisen (Probeladung in der Abb. 99).

Die ältere Physik nahm an, daß es sich bei solchen Kraftwirkungen, wie der elektrostatischen Anziehung oder Abstoßung, um unmittelbare Fernwirkungen handelt und der Raum zwischen den Körpern dabei keine Rolle spielt. Faraday war zu der entgegengesetzten Auffassung gelangt. Wenn man die beiden Kugeln der Abb. 99 in eine die Elektrizität nicht leitende, isolierende Flüssigkeit taucht, z. B. in Petroleum, so wird das elektrische Feld schwächer. Im Petroleum ist

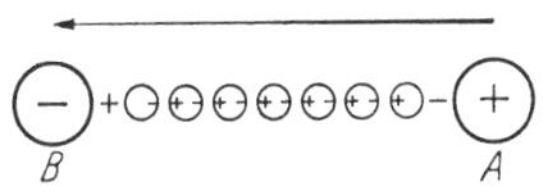

Abb. 101. Polarisation eines Dielektrikums.

z. B. das Feld und damit auch die Kraft auf ein geladenes Probekügelchen an irgendeiner Stelle des Feldes nur halb so groß wie bei gleicher Ladung der Kugeln im leeren Raum. Man sagt dann: Die *Dielektrizitätskonstante* des Petroleums ist gleich 2. Luft von Atmosphärendruck hat die Dielektrizitätskonstante 1,0006, so daß die Luft nur einen geringen Einfluß auf das Feld ausübt. Die Anwesenheit von Materie zwischen den Körpern beeinflußt also im allgemeinen die Kraftwirkungen zwischen elektrisch geladenen Körpern. Diesen Einfluß kann man sich so vorstellen, daß unter der Wirkung des äußeren Feldes in den Atomen vorhandene positive und negative Ladungen ein wenig verschoben werden (Abb. 101). Dort, wo der Isolator an die geladenen Körper angrenzt, treten dann Ladungen auf. Negative Ladungen an der positiven Kugel A und positive Ladungen an der negativen B. Diese Ladungen an den Enden erzeugen ein dem ursprünglichen entgegengesetztes Feld und schwächen es deshalb. Faraday stellte sich den Äther auch noch gewissermaßen materiell vor. Der Äther sollte auch aus solchen elektrischen „polarisierbaren“, aber unwägbaren Teilchen bestehen. Obwohl die Faradaysche stoffliche Äthervorstellung im Laufe der weiteren physikalischen Forschung aufgegeben werden mußte, erwies sich der Feldbegriff als außerordentlich fruchtbar. Er ermöglichte überhaupt erst eine vollständige Beschreibung der elektromagnetischen Vorgänge. Die endliche Ausbreitungsgeschwindigkeit der Lichtwellen ist vollends mit einer Fernwirkungsvorstellung unvereinbar. Wenn wir den Augenblick beobachten, in dem ein Jupitertrabant nach einer Verfinsterung hinter dem Planeten wieder erscheint, so wissen wir, daß dies Ereignis in Wirklichkeit schon 35 Minuten früher vor sich gegangen ist, und daß während dieser halben Stunde die Lichtenergie, die nachher in unser Auge gelangt ist, ganz im leeren Raum enthalten war. Das Vakuum oder der Äther ist also während dieser Zeit der Schauplatz eines physikalischen Vorganges, der Träger eines sich wellenförmig ausbreitenden Zustandes gewesen. So wenigstens muß man sagen, wenn man an der Wellentheorie des Lichtes festhalten will.

Es ist vermutlich eine Folge der sehr frühzeitigen Beschäftigung mit der Geometrie und damit mit dem abstrakten Raumbegriff der Mathematik in der Schule, daß es den meisten Menschen sehr schwer fällt, sich etwas vorzustellen unter dem Begriff des physikalischen Raumes, der keine Materie enthält, aber doch physikalische Eigenschaften besitzt. Die Andeutungen, die wir über diese Eigenschaften machen konnten, sind allerdings nur sehr unvollkommene. Vielleicht überlegt sich der Leser aber einmal, ob er jemals einen Raum kennengelernt hat, der die Eigenschaften des ihm aus der elementaren Geometrie vertrauten Gebildes besitzt. Wir finden z. B., daß in dem Teil des Raumes in der Erdumgebung alle Körper eine Kraftwirkung in bestimmter Richtung nach dem Erdmittelpunkt hin erfahren, daß eine Magnetnadel an jeder Stelle in eine bestimmte Richtung hineingedrängt wird usw. Diese Kraftwirkungen sind nicht an das Vorhandensein von Materie, z. B. von Luft, in der Umgebung der Erde gebunden.

Oersteds Entdeckung (1820) der magnetischen Wirkung elektrischer Ströme veranlaßte Goethe zu den bewundernden Worten: „Der sich immer mehr an den Tag gebende
und doch immer geheimnisvollerere Bezug aller physikalischen Phänomene aufeinander ward mit Bescheidenheit betrachtet ... als auf einmal in der Entdeckung des Bezuges
des Galvanismus auf die Magnetnadel durch Prof. Oersted
sich uns ein beinahe blendendes Licht auftat.“ Faradays
Entdeckung (1831—1839) der elektromagnetischen Induktion und ihrer Gesetze bildete eine zweite Verknüpfung zwischen elektrischen und magnetischen Vorgängen. Man sollte
nie vergessen, daß die ganze Elektrotechnik auf diesen beiden
Entdeckungen beruht, obwohl niemand damals hätte sagen
können, daß sie von irgendeinem praktischen Werte sind.

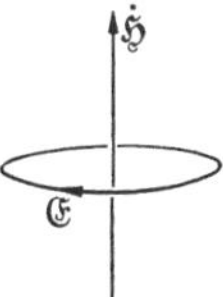

Abb. 102. Zur elektromagnetischen
Induktion. $\mathfrak{H}$ Richtung des anwachsenden Magnetfeldes, $\mathfrak{E}$ Richtung des
entstehenden elektrischen Feldes.

Das Induktionsgesetz sagt qualitativ, aber nach Maxwell ziemlich allgemein gefaßt, folgendes aus: *Ein sich
änderndes Magnetfeld erzeugt um sich ein elektrisches Feld
mit ringförmig geschlossenen Feldlinien.* Deshalb entsteht
in einem kreisförmig geschlossenen Draht, der ein sich änderndes Magnetfeld umgibt, ein elektrischer Strom. Dieser
„Induktionsstrom“ war die eigentliche Entdeckung von
Faraday. Aus Abb. 102 ist die Zuordnung der Richtung des
elektrischen Feldes zu der Änderungsrichtung des Magnetfeldes zu ersehen.

Das Induktionsgesetz ist von größter Wichtigkeit. Wir
haben hier ein elektrisches Feld vor uns, welches nicht durch
elektrische Ladungen verursacht ist. Deshalb haben diese
elektrischen Feldlinien auch keine Enden, sondern sind in
sich geschlossen wie die Linien des magnetischen Feldes.
Solche elektrische Felder, die in der Elektrostatik nie auftreten, nennt man „elektrodynamische Felder“. Sie können,
wie wir sehen werden, im Gleichgewicht nicht bestehen.

Etwas Ähnliches ist uns von einem ganz anderen Gebiete
her vertraut: Wir können ein Gas in einem Gefäß durch
einen luftdicht schließenden Kolben unter einen bestimmten
Druck setzen und diesen dauernd aufrechterhalten. Wenn
wir einen kurzen Knall, etwa durch Zusammenschlagen der
Hände, erzeugen, so wird der Gasdruck an dieser Stelle ebenfalls erhöht. Da aber keine begrenzenden Wände vorhanden
sind, kann diese örtliche Druckerhöhung nicht bestehen.
Wir wissen, was tatsächlich geschieht: Die Druckerhöhung
pflanzt sich als Schallwelle vom Erregungszentrum aus fort.
Etwas Ähnliches geschieht nun auch mit dem induzierten
elektrischen Feld. Das hat Maxwell gewissermaßen erraten.
Er machte die Annahme, daß nicht nur elektrische Ströme

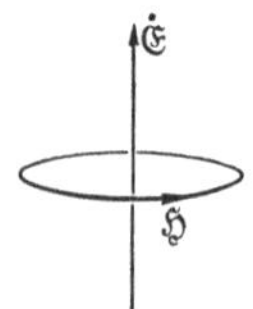

Abb. 103. Zum Magnetfeld
eines Verschiebungsstromes.
$\mathfrak{E}$ Richtung des anwachsen-
den elektrischen Feldes, $\mathfrak{H}$
Richtung des entstehenden
Magnetfeldes.

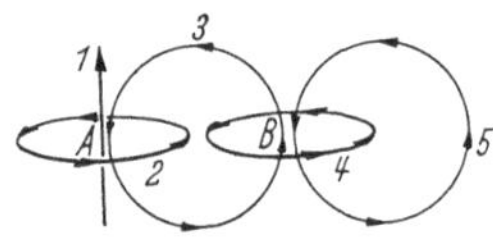

Abb. 104. Entstehung einer
elektromagnetischen
„Knall"welle (schematisch).

in Drähten, die durch eine Bewegung von elektrischen Ladungen, den Elektronen, verursacht sind, ein ringförmiges
Magnetfeld (Abb. 100) erzeugen, sondern daß schon *jede
Änderung eines elektrischen Feldes das gleiche tut*, auch
im leeren Raume. Die Richtung dieses sogenannten „Verschiebungsstromes"[1] und des zugehörigen Magnetfeldes sind
einander in gleicher Weise zugeordnet wie beim gewöhnlichen Leitungsstrom in einem Draht (Abb. 103). Für die
Richtigkeit dieser Annahme lag zu Maxwells Zeiten keinerlei experimenteller Beweis vor.

Wir haben nun die Punkte beisammen, die, allerdings
quantitativ gefaßt, den wesentlichen Inhalt der berühmten
Maxwellschen Gleichungen bilden. Und jetzt können wir
verstehen, warum elektromagnetische Felder keinen Gleich-
gewichtszustand darstellen. Der Pfeil *1* an der Stelle *A*
(Abb. 104) möge ein anwachsendes elektrisches Feld an ir-

---

[1] Das Wort „Verschiebungsstrom" möge der Leser lediglich als kurzen
Ausdruck für den längeren: „Änderung des elektrischen Feldes" ansehen.

gendeiner Stelle des Raumes bedeuten. 2 ist dann das Magnetfeld, das sich nach Maxwells Behauptung um diesen „Verschiebungsstrom“ ausbildet. Da dieses Magnetfeld anwächst, erzeugt es nach dem Induktionsgesetz ein ringförmiges elektrisches Feld 3, welches 1 an der Stelle A zerstört, weil es ihm entgegengesetzt ist. Es ist also jetzt das elektrische Feld von A nach B weitergerückt. Das um 3 entstehende Magnetfeld 4 vernichtet das Magnetfeld 2 links von ihm und erzeugt ein elektrisches Feld 5, und so geht das weiter. Auf diese Weise breitet sich der elektromagnetische Zustand wie eine Knallwelle vom Zentrum A, und zwar, wie wir sehen werden, mit Lichtgeschwindigkeit aus. Natürlich

erfolgt die Ausbreitung nicht nur nach der einen von uns hervorgehobenen Richtung. Etwas genauer sind die Feldstärken an den verschiedenen Punkten auf der Oberfläche einer Kugel, bis zu der die Ausbreitung vom Mittelpunkt A aus gerade erfolgt ist, in Abb. 105 angegeben. Längs des „Äquators“ der Kugel sind die elektrischen und magnetischen Feldstärken am größten. Die magnetische Kraft ist parallel dem Äquator gerichtet, die elektrische

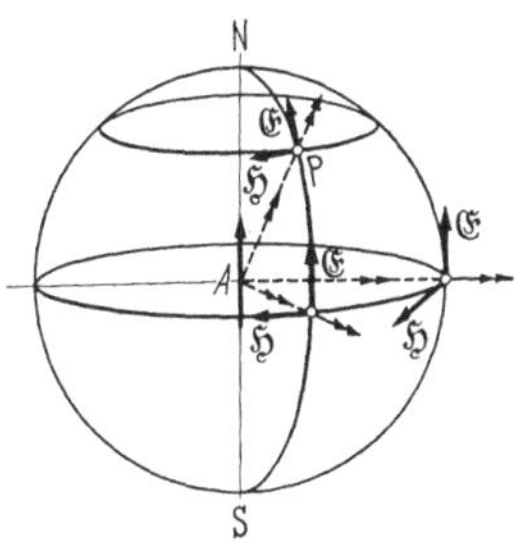

Abb. 105.
Elektrisches und magnetisches Feld bei der elektromagnetischen „Knall“welle.

senkrecht dazu parallel dem „Meridiankreis“, und beide sind senkrecht auf der Fortpflanzungsrichtung. Wir haben also eine *elektromagnetische Querwelle* vor uns. In einem beliebigen anderen Punkt P ist die magnetische Feldstärke parallel dem „Breitengrad“ durch diesen Punkt, und die elektrische Feldstärke liegt wieder in Richtung des „Meridiankreises“. In der Richtung, die mit der Erregung in A übereinstimmt, findet gar keine Ausstrahlung statt, *d. h., in den Polen der Kugel N und S sind die Feldstärken null*. Das ist eine unmittelbare Folge der Tatsache, daß es keine elektromagnetischen Längswellen gibt.

Wir wollen nun annehmen, daß in A nicht einfach ein elektrisches Feld nur einmal entsteht, sondern daß hier durch

einen geeigneten Vorgang ein periodisches elektrisches Feld,
ein sogenanntes Wechselfeld erzeugt wird, das bis zu einer
bestimmten Stärke anwächst, daraufhin bis auf Null abnimmt,
in umgekehrter Richtung bis zur gleichen Höhe anwächst
und so fort. In diesem Falle muß vom Punkte A aus eine
periodische elektromagnetische Welle ausgehen, solange der
elektrische Schwingungsvorgang in A im Gange gehalten
wird.

b) Die Hertzschen Wellen.

Heinrich Hertz hat vor nunmehr 50 Jahren solche
elektrischen Wellen aufgefunden. Daß als Folge dieser Entdeckung die Optik in das große Gebiet der elektromagnetischen Erscheinungen eingereiht werden konnte war ein neuer
und höchst wunderbarer „Bezug der physikalischen Phänomene aufeinander". Jedermann weiß heute, daß auch die
ganze Technik der drahtlosen Nachrichtenübermittlung sich
unmittelbar im Anschluß an die Versuche von Hertz ent-
wickelt hat. Wenige werden aber wissen, daß die Hertzschen Arbeiten unternommen wurden, um eine höchst schwierige und rein wissenschaftliche Preisaufgabe zu lösen, die von
der Berliner Akademie der Wissenschaften schon 1879 gestellt worden war. Es sollte der experimentelle Nachweis
geführt werden, daß es die von Maxwell geforderten
Magnetfelder elektrischer Verschiebungsströme wirklich gibt.
Diesen Beweis hat Hertz nun allerdings in der denkbar voll-
kommensten und wohl bis heute einzig möglichen Weise er-
bracht, indem er zeigte, daß es elektrische Wellen gibt. Man
könnte schwer ein besseres Beispiel dafür finden, wie unmittelbar sehr abstrakte, jedem praktischen Zweck fern-
stehende Fragestellungen zu den bedeutungsvollsten technischen Fortschritten führen können, die auf das ganze
menschliche Leben den größten Einfluß haben.

Hertz überlegte sich, daß das elektrische Feld sich sehr
rasch ändern muß, damit der Verschiebungsstrom und damit
auch sein Magnetfeld genügend stark wird. Vorgänge, bei
denen das elektrische Feld seine Stärke und Richtung sehr
rasch periodisch ändert, rasche elektrische Schwingungen,

waren schon aus Versuchen von F e d d e r s e n bekannt. Die
Funkenentladung einer Leidener Flasche (allgemein eines
elektrischen Kondensators) über eine kleine Drahtspule geht
in dieser Weise vor sich (Abb. 106). Der Funken besteht aus
einer großen Zahl von Teilfunken, wie man bei der Beobachtung des Funkenüberganges in einem
sehr rasch rotierenden Spiegel sehen kann
(Abb. 107). Die Ladungen gleichen sich nicht
einfach aus. Wie der Vorgang erfolgt, zeigt
schematisch Abb. 108. Geradeso wie bei einem
schwingenden Pendel eine periodische Umwandlung von potentieller in kinetische Energie und umgekehrt stattfindet, erfolgt hier ein
periodischer Wechsel zwischen der Energie
des elektrischen und magnetischen Feldes. Die

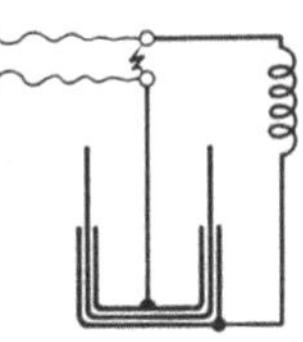

Abb. 106.
Zur Erzeugung
elektrischer
Schwingungen.

Funkenbahn ist während des ganzen Vorgangs leitend. Eine
ganze Schwingung geht in etwa $1/100000$ Sekunde vor sich. Da

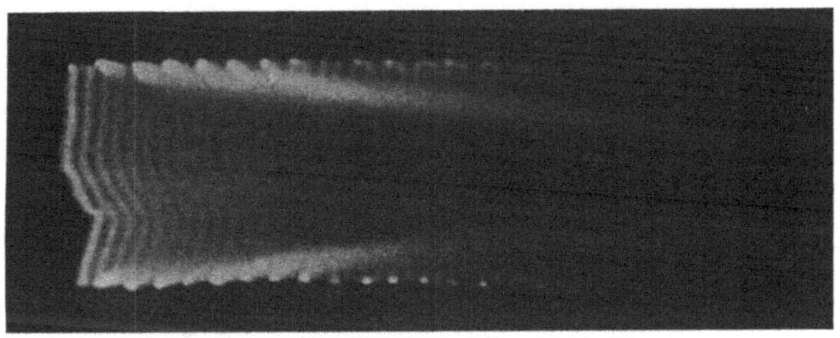

Abb. 107. Nachweis elektrischer Schwingungen mit Hilfe eines Funkens
(„F e d d e r s e n -Funken“). Aufnahme von B. W a l t e r.

ein Teil der Energie vor allem im Funken in Wärme umgesetzt
wird, werden die Schwingungen allmählich schwächer, sie sind
gedämpft (Abb. 109).

Nehmen wir an, daß nur zehn Schwingungen erfolgen, bis
der Funken erlischt, so dauert das nur $1/10000$ Sekunde. Man
kann also die Flasche z. B. 100mal oder öfter in der Sekunde
wiederaufladen und auf diese Weise 100 oder mehr solche
Schwingungsvorgänge in der Sekunde erzeugen (Abb. 110).

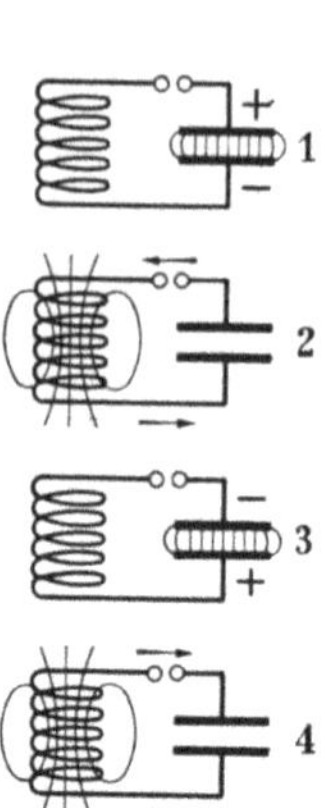

Abb. 108. Entstehung einer elektromagnetischen Schwingung in einem Schwingungskreis. 1. Flasche geladen. Elektrisches Feld im Maximum; 2. Flasche entladen. Strom und Magnetfeld der Spule im Maximum; 3. Flasche umgekehrt geladen; 4. Flasche entladen. Strom und Magnetfeld umgekehrt im Maximum. Anschließend wieder Bild 1 usw.

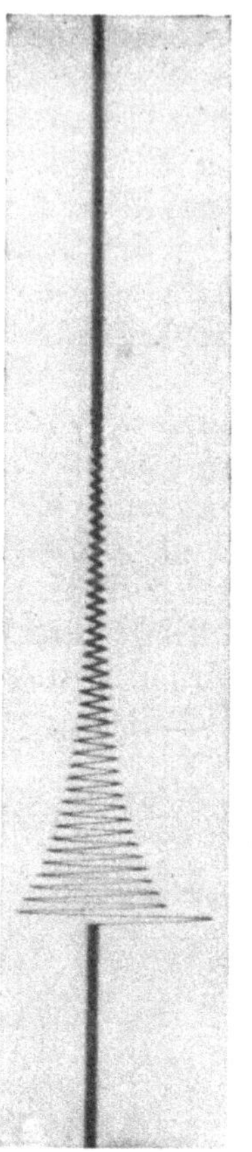

Abb. 109. Gedämpfte elektrische Schwingung.

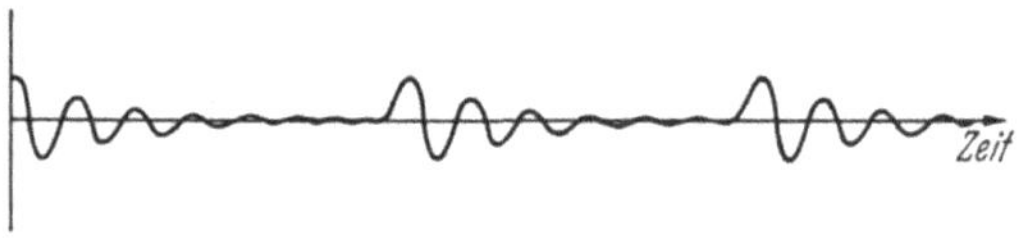

Abb. 110. Aufeinanderfolge mehrerer gedämpfter Schwingungsvorgänge.

Hertz fand, daß man noch viel raschere Schwingungen erhalten kann, wenn man ein einfaches Rechteck aus Draht in gleicher Weise zu Schwingungen erregt (Abb. 111). Endlich kann man das Rechteck bei A aufschneiden und die Drähte geradestrecken. Solch ein linearer Hertzscher Erreger oder

Oszillator führt je nach seiner Länge eine ganze Schwingung in dem hundertsten oder tausendsten Teil einer millionstel Sekunde aus. Die Feldänderungen gehen also ungeheuer rasch vor sich. Der lineare Erreger zeigt außerdem eine starke Fernwirkung. Stellt man in einiger Entfernung einen gleichen Draht, mit einer sehr kleinen Funkenstreckung in der Mitte auf, so entsteht dort ein kleines Fünkchen, wenn der Sender in Betrieb ist. *Der lineare Hertzsche Erreger sendet elektromagnetische Wellen aus,* und diese erregen Schwingungen im Empfänger, wenn er auf den Sender ab-

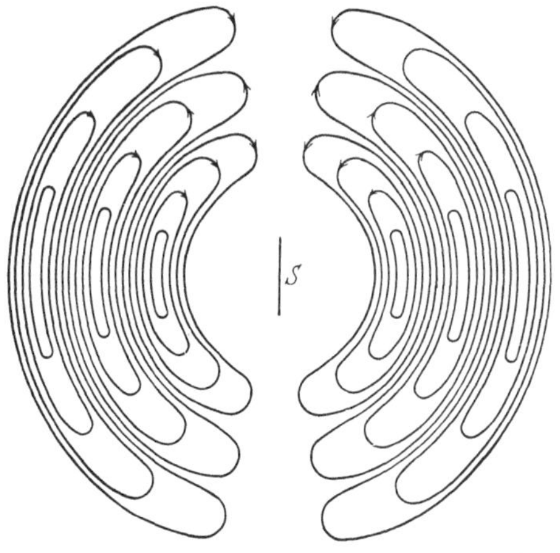

Abb. 112. Momentbild der Kraftlinien des elektrischen Feldes (in einer Ebene) um einen Hertz'schen Erreger *S*, in größerem Abstand von demselben.

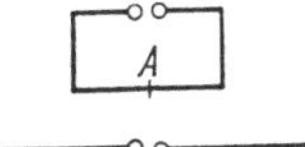

Abb 111.
Einfaches Drahtrechteck und linearer Hertz'scher Erreger.

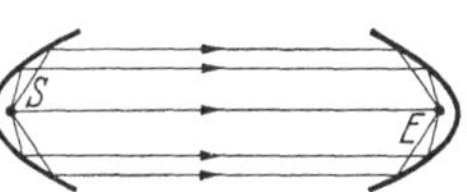

Abb. 113. Hertz'scher Sender und Empfänger mit Hohlspiegeln.

gestimmt ist. Abb. 112 zeigt den Verlauf des elektrischen Feldes in einiger Entfernung vom Sender.

Beträgt die Frequenz 1000 Millionen Schwingungen in der Sekunde, so ist die Wellenlänge $\dfrac{3 \cdot 10^{10}}{10^{9}} = 30$ cm. Hertz konnte die Wellen durch zylindrische Parabolspiegel aus Metall bündeln und auf den Empfänger konzentrieren (Abb. 113). Statt der kleinen Funkenstrecke am Empfänger verwendet man besser als sehr empfindliches Nachweismittel einen Detektor mit Galvanometer. Man kann heute auch lineare Sender dieser Art, die nur etwa 10 cm lang sind, zu ungedämpften Schwingungen erregen. Solche elektrische Wellen zeigen Eigenschaften, die denen der Lichtwellen durchaus gleichen. Sie werden durch ein Prisma oder eine Linse aus Paraffin oder Pech gebrochen. Der *Brechungsexponent* erweist sich als gleich der *Quadratwurzel aus der Dielektrizitätskonstante* der Prismensubstanz, ein Ergebnis, das aus den Maxwellschen Gleichungen vorauszusehen war. Verlaufen die elektrischen Wellen z. B. in Wasser, so ist ihre Fortpflanzungsgeschwindigkeit und Wellenlänge 9mal kleiner als in Luft. Die Dielektrizitätskonstante des Wassers ist $9 \cdot 9 = 81$. Die Wellenlänge kurzer elektrischer Wellen läßt sich leicht messen, wenn man stehende Wellen durch Reflexion an einer Metallwand erzeugt. In den Bäuchen der elektrischen Kraft spricht dann der Empfänger an, in den Knoten nicht.

Ein Gitter aus einzelnen parallelen Drähten reflektiert die Wellen genau so wie eine Metallplatte, wenn die Gitterdrähte mit dem Sender parallel stehen. Steht der Sender und damit die elektrische Feldstärke senkrecht zu den Gitterdrähten, so werden die Wellen gar nicht reflektiert, sondern vollständig durchgelassen. Damit ist gezeigt, daß die elektrischen Wellen eines solchen Erregers polarisiert sind, wie es ja auch unmittelbar aus dem ganzen Vorgang ersichtlich ist. Das gleiche folgt auch daraus, daß ein Empfänger nicht auf die Wellen anspricht, wenn seine Richtung auf der des Senders senkrecht steht.

Die Hertzschen linearen Sender und Empfänger sind die Urtypen der späteren Antenne der drahtlosen Telegraphie. H e r t z hat auch schon nachgewiesen, daß sich die elektrischen Wellen mit Lichtgeschwindigkeit fortpflanzen. Mit den heutigen Mitteln kann man Wellen von 10 bis 100 m Wellenlänge rings um die Erde laufen lassen und am Ort des Senders wieder empfangen. Der ganze Weg wird in wenig mehr als $1/_{10}$ Sekunde zurückgelegt. Daß die elektrischen Wellen bei solchen Versuchen nicht in den Weltraum hinauseilen, sondern um die Erde laufen, ist durch elektrisch leitende Luftschichten in den hohen Gebieten unserer Atmosphäre bedingt, die die Wellen reflektieren. Da die Geschwindigkeit der elektrischen Wellen bekannt ist, kann man aus der Zeit, die sie brauchen, um bis zu der reflektierenden Schicht und wieder zurück zu gelangen, die Höhe dieser Schicht ausrechnen und die Veränderungen erforschen, die der Ionisationszustand unserer Atmosphäre durch Sonnenbestrahlung und andere Einflüsse erleidet.

R. W. Pohl hat kürzlich auf einen Versuch Galvanis aus dem Jahre 1791 hingewiesen, der höchst interessant ist (Abb. 114). Er entspricht fast in allen Einzelheiten der Anlage der beinahe hundert Jahre später angestellten Hertzschen Versuche. Wenn ein Funke rechts übergeht, zuckt der Froschschenkel in der Mitte des „Empfängers" links. Natürlich interessierte sich Galvani nur für den Froschschenkel, also den Detektor, und kaum für den übrigen Vorgang. Für jede Entdeckung muß die Zeit erst reif sein. Zur Zeit Galvanis wußte man über Elektrizität und Magnetismus noch so gut wie nichts, und so hat sich im Anschluß an Galvanis Versuch auch nicht die drahtlose Telegraphie entwickeln können.

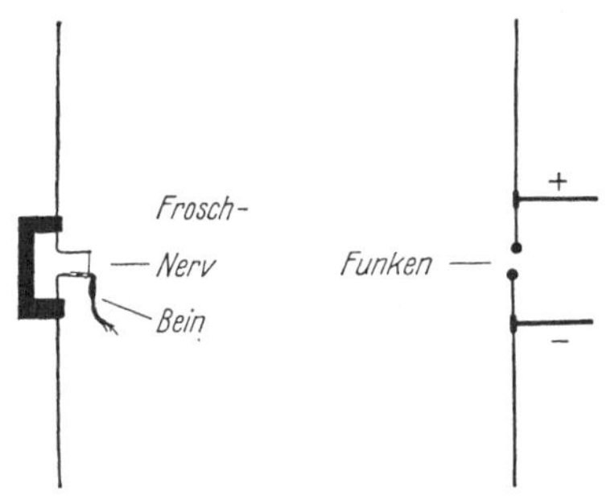

Abb. 114. Galvanis Versuch. Der Froschschenkel als „Detektor". (Nach R. Pohl.)

Zum Schluß noch eine kurze Tabelle, welche den Wellenlängenbereich der bisher erzeugten elektrischen Wellen und ihre Verwendung kennzeichnet:

Tab. 5.

	λ
Großstationen, Überseeverkehr	20—3 km
Schiffsverkehr, nähere Entfernungen	3—1 km
Rundfunk	1000— ca. 200 m
Kurzwellen, große Entfernungen	100—10 m
Ultrakurzwellen, kurze Entfernungen, einige 100 km, wichtig für den Fernsehverkehr	10— 1 m
Hertzsche Wellen	unter 1 m bis $^1/_{10}$ mm

Wir haben uns in diesem Abschnitt anscheinend sehr weit von unserem Thema, dem Licht, entfernt. Aber auch die elektrischen Wellen von wenigen Millimeter Länge bis zur

Länge vieler Kilometer sind ja unsichtbares Licht. Die kürzesten elektrischen Wellen von $^1/_{10}$ mm Wellenlänge sind schon kurzwelliger wie das langwelligste ultrarote Licht, das in Lichtquellen nachgewiesen ist! Sie unterscheiden sich von dem ultraroten Licht nur noch durch die Art ihrer Entstehung.

c) Das Licht als elektromagnetische Welle.

Es unterliegt keinem Zweifel, daß die elektrischen Wellen viele Eigenschaften haben, die wir auch beim Licht beobachten. Wir wollen jetzt noch einen wichtigen Versuch nachtragen. Durch einen Satz aus mehreren dicken Glasplatten G werden die Hertzschen Wellen des Erregers S vollständig reflektiert, wenn sie unter einem Winkel von etwa 68° einfallen und der Erreger senkrecht auf der Einfallsebene steht (Abb. 115 a). Nur der Empfänger E_1 spricht an. Liegt der Erreger *in* der Einfallsebene,

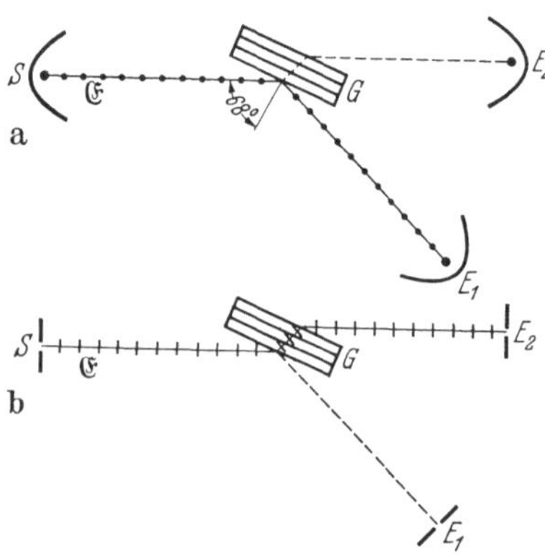

Abb. 115. a) b) Nachweis der Polarisation einer elektromagnetischen Welle mit einem Glasplattensatz.

so werden die Wellen vollständig durchgelassen und gar nicht reflektiert (Abb. 115 b). Nur der Empfänger E_2 spricht an. Der Winkel 68° ist der Polarisationswinkel des Glases für elektrische Wellen. Reflektierte und gebrochene Strahlen stehen senkrecht aufeinander. Man bekommt den Brechungsexponenten n des Glases für elektrische Wellen wieder (vgl. S. 73) aus $\tan 68° = n$. Das gibt $n = 2{,}48$. Die Dielektrizitätskonstante des Glases ist nahezu 6, und das ist in der Tat gleich $2{,}48^2$. In den Abbildungen ist noch die Lage der elektrischen Feldstärke f in der Welle (der elektrische Vektor) eingezeichnet. Diese Lage ist natürlich stets parallel dem Erreger. Der Vergleich mit der Wirkung eines Glasplattensatzes auf das Licht zeigt die völlige Analogie mit dem Verhalten des Lichtes. Wir haben früher einfach als „Schwingungsrichtung" des Lichtes die Richtung bezeichnet, die wir jetzt als Richtung der *elektrischen Kraft* erkennen. Dies taten wir mit gutem Grund. Für die kennzeichnenden Wirkungen des Lichtes ist nämlich, wie mancherlei Versuche gezeigt haben, das *elektrische* und nicht das dazu senkrechte *magnetische* Wechselfeld des Lichtes verantwortlich.

Der Nachweis der Polarisation wurde bei den elektrischen Wellen, wie wir sahen, auch mit Hilfe eines Gitters aus parallelen Drähten geführt, deren Abstand klein gegen die Wellenlänge ist. R u b e n s und D u b o i s ist es gelungen, so enge Drahtgitter herzustellen, daß der gleiche Versuch mit sehr langwelligem, polarisiertem ultrarotem Licht (mit der Wellenlänge $7/_{100}$ mm) ausgeführt werden konnte. Das Drahtgitter war nahezu undurchlässig, wenn die Drähte parallel mit der Schwingungsrichtung des Lichtes standen, und durchlässig, wenn sie dazu senkrecht standen, genau wie bei den Hertzschen Wellen. Als Empfänger dient bei solchen Versuchen ein empfindliches Thermoelement.

Die Oszillatoren.

Wenn das von den Atomen der Materie ausgesandte Licht aus elektromagnetischen Wellen besteht, so müssen in den Atomen kleine Hertzsche Sender verborgen sein. Man stellte sich daher vor, daß in den Atomen elektrisch geladene Teilchen durch eine Art elastischer Kraft an eine Gleichgewichtslage gebunden sind, ähnlich wie eine Kugel durch zwei Spiralfedern bei einem Federpendel (Abb. 3). Das geladene Teilchen kann durch elektrische Kräfte aus seiner Ruhelage verschoben werden. Hierbei macht sich aber die rücktreibende Kraft zunehmend geltend. Die gleiche Vorstellung haben wir schon zur Erklärung des elektrischen Verhaltens der Dielektrika benutzt. Solch ein elektrischer Oszillator hat eine ganz bestimmte Eigenschwingungsdauer, wie ein Pendel oder eine Antenne, und liefert, wenn er auf irgendeine Weise in

Schwingungen um die Gleichgewichtslage versetzt wird, elektrische Wellen von bestimmter Wellenlänge. Verlaufen diese Schwingungen sehr rasch, so sendet das Atom bestimmte Wellenlängen ultraroten, sichtbaren oder ultravioletten Lichtes, d. h. scharfe Spektrallinien, aus. Dieses Bild erwies sich als äußerst nützlich zur Beschreibung der Wechselwirkung von Materie und Licht. Wir haben schon wiederholt die Vorstellung von Schwingungsvorgängen in den Atomen als Quellen der Lichtaussendung benutzt. Die Annahme, daß diese Schwingungen elektrischer Art sind, wird durch die Erkenntnis erzwungen, daß die Lichtwellen elektromagnetische Wellen sind.

Wenn in einer großen Stadt viele Empfangsantennen auf den gleichen Sender abgestimmt sind, schwächen sie die Energie der Senderwelle. In den Empfangsantennen werden ja elektrische Schwingungen erregt, und jede Antenne sendet daher elektrische Wellen in alle Richtungen des Raumes aus. Dadurch wird ein Teil der Energie der Senderwelle zerstreut, und hinter der Stadt wird der Empfang für diese Welle deshalb schlechter sein.

Wird das Licht der gelben Natriumstrahlung durch nichtleuchtenden Natriumdampf hindurchgeschickt, so wird dieses Licht auch stark geschwächt. Verwendet man weißes Licht, so tritt im Gelb, bei der Wellenlänge der gelben Natriumlinie, eine Schwächung ein. Im Spektrum erscheint eine dunkle Absorptionslinie. Nichtleuchtender Natriumdampf besitzt außerdem noch eine große Anzahl von Absorptionslinien im Ultraviolett (Abb. 116). Nichtleuchtender Quecksilberdampf hat vor allem zwei im Ultraviolett gelegene Absorptionslinien (1849 Å und 2536 Å). Wenn die Frequenz der einfallenden Welle mit der Eigenfrequenz der Atomoszillatoren übereinstimmt, werden diese geradeso wie die abgestimmten Empfangsantennen in der Stadt in starke Eigen-

Abb. 116. Absorptionsspektrum des Na-Dampfes im Ultraviolett.

schwingungen versetzt. Sie entziehen dem einfallenden Licht
Energie und zerstreuen sie in alle Richtungen. Dieses nach
allen Richtungen ausgestrahlte Licht kann man nachweisen.
Man bezeichnet es als Resonanzstrahlung. Die Entstehung
der Fraunhoferschen Linien konnte man sich in gleicher
Weise deuten. Das vom glühenden Kern der Sonne, der
Photosphäre ausgehende Licht durchdringt ja die Atom-
sphäre der Sonne. Daher werden diejenigen Lichtfrequenzen
im kontinuierlichen Spektrum geschwächt, die mit den Eigen-
frequenzen der Atomoszillatoren der Atome, welche die
Chromosphäre bilden, übereinstimmen.

Hier zeigt sich indessen eine Schwierigkeit. Wenn Quecksilberdampf etwa in einer Quecksilberbogenlampe zum Leuchten gebracht wird, so enthält dieses Licht auch eine Menge
heller Spektrallinien im Sichtbaren. Diese Linien werden aber
durchaus nicht geschwächt, wenn man sie durch nichtleuchtenden Quecksilberdampf hindurchgehen läßt, wohl aber die
beiden oben erwähnten Linien im Ultraviolett. Gase, wie
Wasserstoff, Stickstoff und Sauerstoff, ebenso wie die ein-
atomigen Edelgase sind für sichtbares Licht völlig durchlässig, obwohl sie viele Linien im Sichtbaren aussenden. Im
Sonnenspektrum und dem Spektrum der Sterne findet man
trotzdem, wie wir gesehen haben, viele dieser Emissionslinien
als dunkle Fraunhofersche Linien.

Es hat sich gezeigt, daß solche Absorptionslinien dann
auftreten, wenn das absorbierende Gas selbst leuchtet, wie
das in der umkehrenden Schicht und in der Chromosphäre
der Fall ist. Nur bestimmte Spektrallinien, zu denen z. B. die
gelbe Natriumlinie gehört, werden auch von nichtleuchtendem
Natriumdampf geschwächt. Dieser Unterschied im Verhalten
verschiedener Spektrallinien ließ sich vom Standpunkt der
Oszillatorenvorstellung schwer verstehen. Vorerst wollen wir
aber noch einige Fragen besprechen, bei denen diese Vorstellung sich ausgezeichnet bewährt hat.

Die Theorie der Dispersion.

Für die langen elektrischen Wellen, also langsame Schwingungen, ist der Brechungsexponent eines Stoffes einfach

gleich der Quadratwurzel aus der Dielektrizitätskonstante.
Rubens konnte zeigen, daß der Brechungsexponent des
Quarzes auch schon für sehr langwelliges ultrarotes Licht
mit der Wurzel aus der Dielektrizitätskonstanten übereinstimmt. Für einige durchsichtige Gase, bei denen die Lichtbrechung fast unabhängig ist von der Wellenlänge, gilt diese
Beziehung sogar für das sichtbare Licht, wie Tab. 6 zeigt.

Tabelle 6.

	Brechungsexponent	Wurzel aus der Dielektrizitätskonstante
Luft	1,000 293	1,000 295
Kohlensäure . . .	1,000 450	1,000 48
Wasserstoff . . .	1,000 139	1,000 13
Helium	1,000 034	1,000 035

Im allgemeinen jedoch hängt der Brechungsexponent für
die schnellen Schwingungen des Lichtes in eigentümlicher
Weise von der Lichtfrequenz ab (vgl. Abb. 82). Wie ist
dieser Sachverhalt zu verstehen? Wir müssen uns damit
begnügen, das kurz anzudeuten.

Wenn das Licht bestimmter Frequenz in den Stoff eindringt, werden die kleinen elektrischen Oszillatoren in er-
zwungene Schwingungen der gleichen Frequenz versetzt. Dieses Mitschwingen ist bei weitem am stärksten, wenn die
Schwingungszahl des Lichtes mit der Eigenfrequenz der Oszillatoren übereinstimmt. Die von den erregten Oszillatoren
ausgehenden Elementarwellen setzen sich mit der einfallenden Lichtwelle zusammen, wenn diese über sie hinwegläuft. Die Phasendifferenz zwischen den Oszillatorwellen und
der einfallenden Welle ist aber wegen der Trägheit der
schwingenden Masse verschieden je nachdem, ob die Frequenz des einfallenden Lichtes kleiner oder größer ist als
die Eigenfrequenz der Oszillatoren. Dies hat zur Folge,
daß auch das Ergebnis dieser Überlagerung der Wellen in
beiden Fällen ein verschiedenes ist. Hat das einfallende Licht
eine *kleinere* Frequenz, so wirkt sich der Einfluß der Oszillatoren, wie die Rechnung zeigt, in einer *Herabsetzung* der
Geschwindigkeit des Lichtes, also in einer *Erhöhung* des
Brechungsexponenten aus, hat es aber eine *größere* Frequenz,

so wird umgekehrt die Geschwindigkeit des Lichtes *vergrößert* und der Brechungsexponent *verkleinert*. Stimmt die Lichtfrequenz gerade mit der Oszillatorenfrequenz überein, so wird das Licht überhaupt am Eindringen gehindert. Der Stoff wird für dieses Licht nahezu undurchlässig und reflektiert fast so gut wie ein Metall. Das ist die Stelle einer „anomalen Dispersion" im Spektrum. Der regelmäßige Verlauf der Dispersion ist an solch einer Stelle vollständig gestört.

Das z. B. an einer Glasplatte reflektierte Licht kann man sich durch die Schwingungen der erregten Oszillatoren entstanden denken, die durch das einfallende Licht erregt wurden. Daß diese Vorstellung von Nutzen ist, soll ein einfaches Beispiel zeigen. In Abb. 117 sei E eine *in* der Einfallsebene schwingende Lichtwelle polarisierten Lichtes. Das Licht möge unter dem Polarisationswinkel auf eine Glasplatte treffen. Die Doppelpfeile zeigen an, in welcher Richtung die Oszillatoren durch das Licht in Schwingungen versetzt werden. Der Polarisationswinkel ist nun dadurch ausgezeichnet, daß der gebrochene und reflektierte Strahl aufeinander senkrecht stehen.

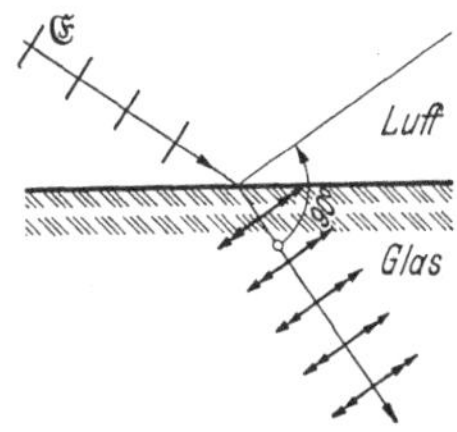

Abb. 117. Zur Erklärung des Brewsterschen Gesetzes.

Folglich stimmt die Richtung der Oszillatorenschwingung mit der Reflexionsrichtung des Lichtes überein. Da aber eine Antenne (vgl. S. 131) keine Strahlung in der Richtung liefert, in der sie selbst schwingt, kann im vorliegenden Falle keine reflektierte Welle entstehen. Wir wissen in der Tat, daß eine Glasplatte unter dem Polarisationswinkel kein Licht reflektiert, das in der Einfallsebene schwingt.

Optisches Verhalten der Metalle.

Eine besonders wichtige Frage bildet das optische Verhalten der Metalle. Sie ist allerdings so verwickelt, daß wir uns mit einigen Andeutungen begnügen müssen. Metalle zeigen ein starkes Reflexionsvermögen für Licht, ähnlich wie für die elektrischen Wellen. Metalle sind Elektronenleiter.

Dieselben negativen elementaren Ladungsträger sehr kleiner
Masse, die wir in den Kathodenstrahlen kennen, vermitteln
in den Metallen die Stromleitung. Wenn Hertzsche Wellen
auf ein Metall treffen, werden diese Elektronen in erzwun-
gene Schwingungen versetzt. Die von ihnen erzeugten Wellen
setzen sich mit der einfallenden so zusammen, daß die durchgehende Welle vollständig ausgelöscht wird und alles Licht
nach vorne reflektiert wird, ähnlich wie bei der anomalen
Dispersion. Das ergibt sich allerdings nur, wenn wir ein
Metall als einen ideal guten Leiter betrachten, der dem
Stromdurchgang keinen Widerstand entgegensetzt. In einem
stromdurchflossenen Draht wird elektrische Energie in Wärme
umgesetzt. Deshalb muß auch ein Teil der Energie der einfallenden Welle im Metall in Wärme umgewandelt werden,
und dieser Teil wird um so größer sein, je schlechter das
Metall den elektrischen Strom leitet. *Der reflektierte Anteil
ist also um so größer, je besser das Metall den Strom leitet.*

Man kann den Zusammenhang von elektrischer Leitfähigkeit und Reflexionsvermögen für elektrische Wellen verschiedener Wellenlänge berechnen, und die Erfahrung bestätigt die Rechnung. H a g e n und R u b e n s konnten nun
zeigen, daß auch für langwelliges ultrarotes Licht mit Wellenlängen von etwa $^1/_{100}$ mm das gemessene Reflektionsver-
mögen verschiedener Metalle mit den Werten in Übereinstimmung ist, die sich aus der elektrischen Leitfähigkeit berechnen lassen.

Der Zeemaneffekt.

Wir wollen uns einmal vorstellen, daß die elektrischen
Oszillatoren der Atome, z. B. in einer G e i ß l e r schen Röhre
oder in einer metalldampfhaltigen Flamme, zu ihren Eigen-
schwingungen angeregt seien und die Strahlung ihrer Eigenfrequenz als monochromatisches Licht in einer Spektrallinie
aussenden. Wenn man die Lichtquelle in das starke Magnetfeld eines Elektromagneten bringt, übt dieses Magnetfeld eine
Kraft auf die schwingenden Ladungen aus wie auf jeden
elektrischen Strom. Dadurch werden die Schwingungen der
elektrischen Oszillatoren in eigentümlicher Weise verändert.

144

Zeeman hat diese Wirkung aufgefunden, und H. A. Lorentz hat sie berechnet (Abb. 118). Läßt man das Licht in einer zum Magnetfeld senkrechten Richtung in den Spektralapparat eintreten, so wird bei Erregung des Magnetfeldes eine Spektrallinie in drei Linien aufgespalten. Das Licht aller Linien ist polarisiert. Das Licht der Mittellinie schwingt parallel zu der Magnetfeldrichtung, das der beiden äußeren Linien senkrecht dazu. Es ist bemerkenswert, daß schon Faraday nach einer solchen Erscheinung gesucht hat. Mit den damaligen Hilfsmitteln konnte man sie aber nicht auffinden.

Die Mittellinie hat die gleiche Wellenlänge oder Lichtfrequenz wie bei fehlendem Magnetfeld. Der Frequenzunterschied einer der seitlichen Linien gegen die mittlere ist um so größer, je stärker das magnetische Feld ist. Die Theorie zeigt, daß dieser Frequenzunterschied außerdem dem

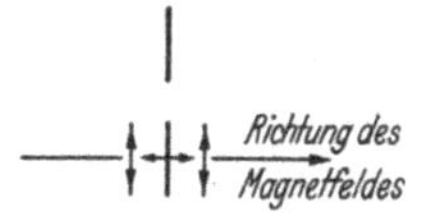

Abb. 118. Aufspaltung einer
Spektrallinie im Zeeman-
effekt.

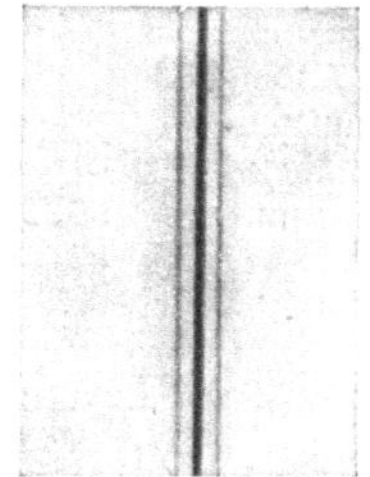

Abb. 119. Normale Zeemanaufspaltung einer Spektrallinie.

Verhältnis der Ladung zur Masse (e/m) des schwingenden Teilchens verhältnisgleich sein muß. Abb. 119 zeigt die Aufnahme einer solchen Zeemanaufspaltung. Aus der Größe der Linienaufspaltung läßt sich das Verhältnis der Ladung zur Masse der in den Atomen schwingenden Ladungen ausrechnen. Es ergibt sich genau der gleiche Wert für dieses Verhältnis, den die Elektronen in den Kathodenstrahlen besitzen. Auch daß die Ladung eine negative sein muß, läßt sich aus dem Versuch entnehmen. So scheint der Zeemaneffekt eine der glänzendsten Bestätigungen für die Richtigkeit der Vorstellung zu sein, daß in den Atomen quasi elastisch gebundene, negativ geladene Elementarladungen, die Elektronen, durch ihre Schwingungen das Licht erzeugen. —

Bald fand man aber, daß nur verhältnismäßig wenige Spektrallinien bestimmter Elemente die Zeemansche Erscheinung in der Einfachheit zeigen, wie sie von Lorentz berechnet wurde. Die meisten Spektrallinien geben viel kompliziertere Aufspaltungsbilder. Ein Beispiel zeigt Abb. 120. Paschen und Back zeigten dann, daß das Aufspaltungsbild mehr und

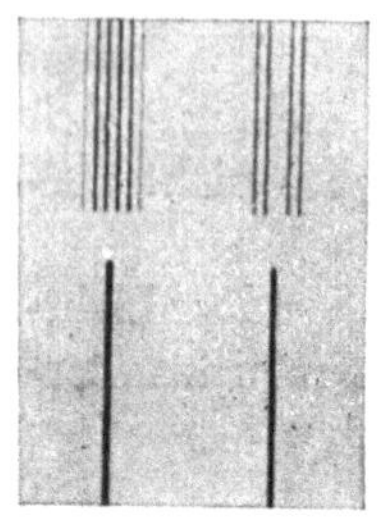

Abb. 120. Anomale Zeemanaufspaltung (D-Linien des Natriums), unten ohne, oben mit Magnetfeld.

mehr in die einfache Form übergeht, die der Lorentzschen Theorie entspricht, wenn man das Magnetfeld verstärkt. Um die verwickelten Aufspaltungsbilder des sog. anomalen Zeemaneffektes mit der Oszillatorenvorstellung zu beschreiben, mußte man annehmen, daß die Schwingungen in den Atomen im allgemeinen viel komplizierter sind und aus verwickelten Bewegungen mehrerer miteinander durch Kraftwirkungen gekoppelter Elektronen bestehen. Durch sehr formale Rechnungen ließ sich dann zwar ein Anschluß an die Erfahrung gewinnen, aber die Theorie befriedigte nicht mehr, und der Verdacht war nur allzu berechtigt, daß man wiederum an die Grenze ihrer Leistungsfähigkeit gelangt war.

Faradayeffekt.

Der Zeemaneffekt ist nicht die einzige Erscheinung, bei der sich ein Einfluß magnetischer Felder auf das Licht zeigt. Faraday hat schon eine solche Erscheinung aufgefunden, die Drehung der Schwingungsebene polarisierten Lichtes im Magnetfeld. Läßt man linear polarisiertes Licht durch geeignete Stoffe, z. B. Glas, Wasser, Schwefelkohlenstoff, hindurchgehen und bringt dabei den Stoff in ein starkes magnetisches Feld, das der Richtung des Lichtes parallel verläuft, so wird die Schwingungsebene des Lichtes um so stärker gedreht, je stärker das Magnetfeld ist und je länger der im Körper vom Lichte zurückgelegte Weg ist. Die Drehung, die mit Hilfe eines Analysators gemessen wird, ist besonders groß in Stoffen, die eine starke Brechung besitzen wie das bleihaltige Flintglas oder Schwefelkohlenstoff. Für

kurzwelliges Licht ist sie größer als für langwelliges. Auch
dieser Vorgang konnte mit der Vorstellung schwingungs-
fähiger Oszillatoren in den Körpern gedeutet werden.

Der Starkeffekt.

Johannes Stark machte im Jahre 1913 die wichtige
Entdeckung, daß auch in einem elektrischen Feld die Spektrallinien in sehr verwickelter Weise aufspalten. Die Schwierigkeit des Versuches liegt darin, daß es notwendig ist, ein

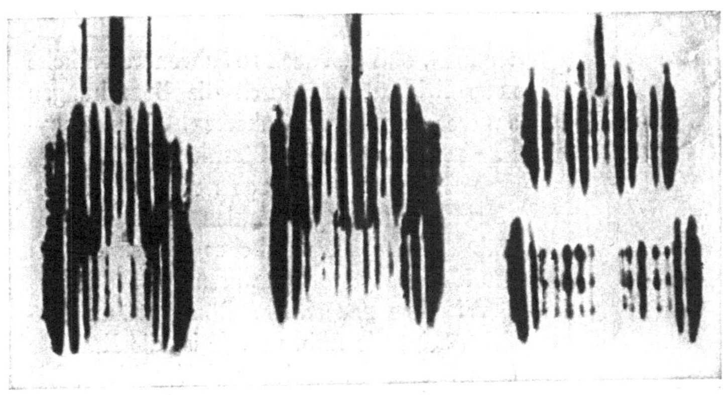

Abb. 121. Aufspaltung der Linien Hδ, Hγ, Hβ des Wasserstoffs im Stark-
effekt. Die neuen Linien sind jedesmal in zwei Gruppen zerlegt, die senkrecht aufeinander polarisiert sind.

sehr starkes elektrisches Feld in einem Raum aufrechtzu-
erhalten, in dem das Leuchten erfolgt. Eine Flamme z. B.
leitet die Elektrizität so gut, daß es nicht möglich ist, darin
große elektrische Spannungsunterschiede zu erzeugen. Stark
erregte Wasserstoff zum Leuchten, indem er Kanalstrahlen
in Wasserstoff von niedrigem Gasdruck hineinschoß. In diesem Raum ließ sich ein starkes elektrisches Feld herstellen.
Jede Spektrallinie des Wasserstoffs zeigte sich im Spektralapparat in sehr viele Einzellinien aufgespalten (Abb. 121).
Es gelang nicht, diese außerordentlich interessante Tatsache mit
Hilfe der Vorstellung schwingender Oszillatoren zu erklären.

10*

147

XIV. Die Röntgenstrahlen, ein unsichtbares Licht.

Röntgenstrahlen.

W. C. Roentgen entdeckte im Jahre 1895 eine neue Art von unsichtbaren Strahlen, deren heute allgemein bekannte wunderbare Eigenschaften die Welt in Erstaunen versetzten.

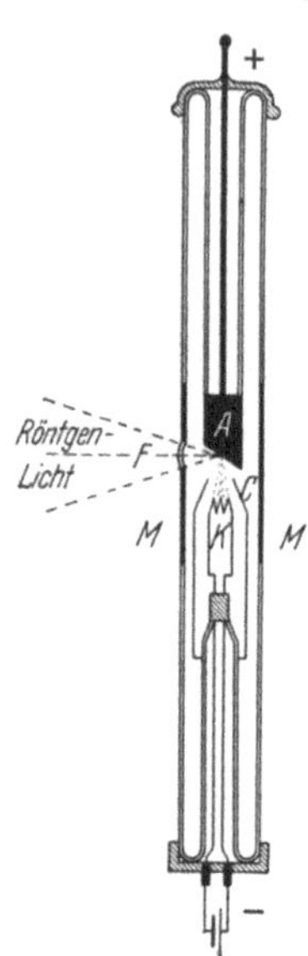

Abb. 122.
Röntgenröhre mit
Glühkathode.

Diese Strahlen gingen von festen Körpern aus, die von Kathodenstrahlen, schnell bewegten Elektronen, getroffen wurden. In drei berühmten Arbeiten hat Roentgen die Eigenschaften der Strahlen so gründlich untersucht, daß erst nach 10 Jahren wesentliche neue Erkenntnisse durch die Bemühungen anderer Forscher hinzukamen. Über die physikalische Natur der Strahlen wußte man sogar bis zum Jahre 1912 nichts Sicheres, obwohl die Röntgenstrahlen längst ein unentbehrliches diagnostisches Hilfsmittel in der Medizin geworden waren.

Wie eine neuzeitliche Röntgenröhre aussieht, zeigt die Abb. 122. K ist die Kathode (negativer Pol), A die Anode (positiver Pol) in einem soweit wie möglich luftleer gemachten Gefäß. Die Kathode ist ein Wolframdraht, der durch den elektrischen Strom auf Weißglut erhitzt wird. Aus dem glühenden Draht treten Elektronen aus und werden durch eine hohe Spannung zwischen K und A auf die Metallanode A hin beschleunigt. Von der Stelle der Anode, wo diese Kathodenstrahlen auftreffen, gehen die Röntgenstrahlen wie Licht von einer Lichtquelle nach allen Seiten aus. Die z. B. aus Wolfram bestehende Anode wird bei den neuzeitlichen Röntgenröhren, wenn sie nicht künstlich gekühlt wird, durch den Aufprall der Kathodenstrahlen so heiß, daß sie zum Glühen kommt.

Die unsichtbare Röntgenstrahlung erregt manche Stoffe, wie Bariumplatinzyanür, zu lebhaftem Leuchten (Fluores-

zenz) und hat eine starke photographische Wirkung. Daß sie
nicht aus bewegten elektrisch geladenen Teilchen besteht, wie
die Kathodenstrahlen, erkennt man daran, daß sie durch
magnetische und elektrische Kräfte nicht abgelenkt werden
kann. Ihre praktisch wichtigste Eigenschaft ist bekanntlich
das mehr oder weniger hohe Durchdringungsvermögen für
Körper, die für gewöhnliches Licht völlig undurchlässig sind.

Natur der Röntgenstrahlen.

Verschiedene Beobachtungen und Überlegungen ließen mit
der Zeit vermuten, daß die Röntgenstrahlen sehr kurzwelliges Licht sein könnten mit einer Wellenlänge, die etwa
tausendmal so klein ist wie die des sichtbaren Lichtes. R o e n t -
g e n hatte allerdings vergeblich versucht, eine Brechung und
Reflexion, Beugung und Interferenz der Strahlen nachzuweisen. Daraus kann man folgendes schließen: Wenn die
Röntgenstrahlen eine Art Lichtwellen sind, so müßte für
diese Lichtwellen der Brechungsexponent aller Körper nahezu
gleich 1 sein. Dann würde eine Brechung und Reflexion
fast vollständig fehlen. Aus Abbildung auf S. 93 ersieht man,
daß für äußerst kurzwelliges Licht der Brechungsexponent
aller Stoffe tatsächlich nahezu gleich 1 ist. In Wirklichkeit
muß er etwas kleiner als 1 sein. Das heißt, für so kurzwelliges Licht verhalten sich die Stoffe so, als wären sie op-
tisch etwas weniger dicht als der leere Raum. Brechung und
Reflexion könnten dann bei den Röntgenstrahlen zwar nicht
völlig fehlen, würden aber doch sehr schwach sein. Beugung
und Interferenz tritt, wie wir wissen, am auffälligsten dann
auf, wenn die Größe der Öffnungen oder Schirme im Weg
der Strahlen vergleichbar sind mit der Wellenlänge. Wenn
die Röntgenstrahlen sehr kurzwelliges Licht sind, so muß
demnach auch die Auffindung der Interferenz und Beugung
dadurch erschwert sein, daß alle makroskopischen Hindernisse gegen die Wellenlänge zu groß sind.

Interferenz und Beugung.

Diese Erwägungen brachten M a x v o n L a u e im Jahre
1912 auf den Gedanken, einen Nachweis der Beugung und

Interferenz der Röntgenstrahlen mit Gittern zu versuchen, die uns die Natur selbst zur Verfügung stellt und von denen zu erwarten war, daß ihre sehr feine Teilung gerade von der richtigen Größe für die Röntgenwellenlänge ist. Solche Gitter sind die Kristalle. Die Mineralogen hatten schon vermutet, daß Kristalle aus einer regelmäßigen Anordnung von Atomen bestehen, deren Abstände einige Ångström-Einheiten betragen. Auf einige Å-Einheiten wurde auch die Wellenlänge der Röntgenstrahlen nach verschiedenen Erfahrungen geschätzt. Abb. 123a zeigt das aus Natrium- und Chlorionen aufgebaute kubische Gitter eines Kochsalzkristalls.

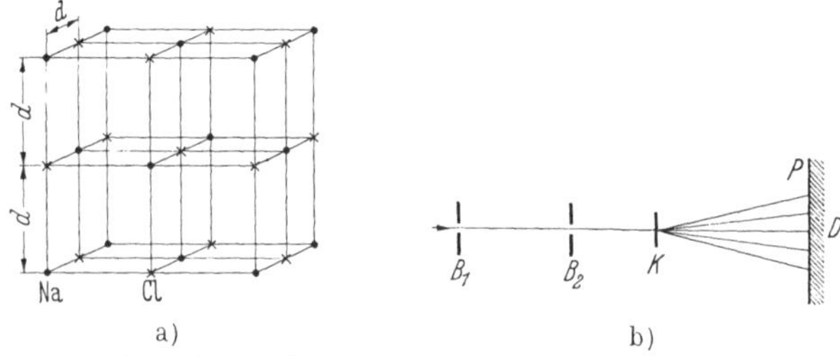

Abb. 123. a) Steinsalzkristall. b) Versuchsanordnung von L a u e , F r i e d r i c h und K n i p p i n g zum Nachweis der Interferenz und Beugung der Röntgenstrahlen.

Die Versuchsanordnung, mit der L a u e , F r i e d r i c h und K n i p p i n g die Interferenz und Beugung der Röntgenstrahlen auffanden, zeigt Abb. 123b schematisch. Die dünne Kristallplatte K wird von einem eng ausgeblendeten Röntgenstrahlbündel senkrecht durchstrahlt. Auf der photographischen Platte P zeigten sich nach dem Entwickeln außer dem Durchstoßpunkt der Strahlen D eine Anzahl abgelenkter Flecken, deren Anordnung den Symmetrieeigenschaften des Kristalls entsprach. Abb. 124 zeigt das von einem Steinsalzkristall (NaCl) erzeugte Bild. Steinsalz kristallisiert als Würfel, und die vierzählige Symmetrie ist nur auf der Abbildung gut zu erkennen. Daß die Aufnahme eine Interferenz und Beugung der Röntgenstrahlen durch den Kristall zeigte, stand außer Zweifel. Wir wollen versuchen, uns das Ergebnis etwas genauer klarzumachen.

Wir betrachten eine äußere, ebene Begrenzungsfläche eines Körpers. Die Atome seien in der Ebene irgendwie regelmäßig oder auch unregelmäßig angeordnet. Die oberste Punktreihe der Abb. 125 sei der Schnitt solch einer Ebene mit der Papierebene. Ein nahezu paralleles Röntgenstrahlbündel falle auf diese Ebene unter dem Winkel ϑ auf. Jedes Atom wird wenn die Röntgenwelle darübergleitet, zum Ausgangspunkt einer neuen Elementarwelle. Es muß daher eine, wenn auch sehr schwache reflektierte Welle zustande kommen. Man merkt

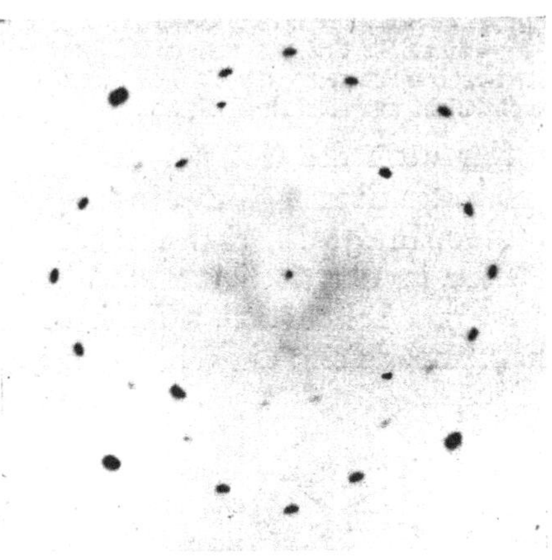

Abb. 124. Laueaufnahme mit einem Steinsalzkristall. Durchstrahlung senkrecht zu einer Würfelfläche.

davon indessen im allgemeinen nichts. Von einer Glasoberfläche erhält man z. B. keine merkliche Reflexion. In einem *Kristall* folgt aber auf die mit regelmäßig angeordneten Atomen besetzte Ebene in einem ganz bestimmten Abstand d eine zweite und auf diese noch viele weitere. Es erfolgt dann Reflexion nicht nur an einer, sondern an vielen Ebenen. Außen überlagern sich diese von den verschiedenen Atomebenen reflektierten Wellen mit einem bestimmten Phasenunterschied.

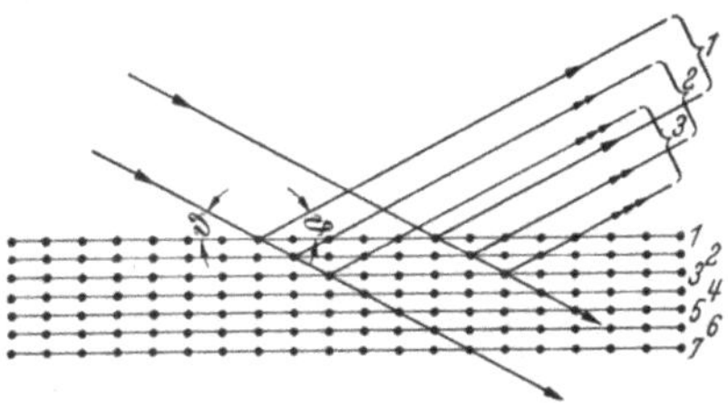

Abb. 125. Reflexion von Röntgenstrahlen an den Netzebenen eines Kristalls.

Der Wegunterschied zweier, an aufeinanderfolgenden Ebenen reflektierter Wellen ist, wie aus Abb. 126a zu ersehen: $AB = 2\,d \sin \vartheta$.

Ist dieser Wegunterschied z. B. $^1/_6$ der Wellenlänge der Röntgenstrahlen, so lassen sich die von je 6 aufeinanderfolgenden Ebenen reflektierten Wellen zusammenfassen. Sie ergeben zusammen durch Interferenz die reflektierte Intensität Null. (Abb. 126b). Wirken z. B. 300 Ebenen mit, so haben wir $\frac{300}{6} = 50$ solche Gruppen und es erfolgt überhaupt keine Reflexion. Geht der Bruch nicht genau auf, so wird eine unmerklich schwache durch Interferenz nicht ausgelöschte Reflexion übrigbleiben.

Nur wenn der Gangunterschied bei der Reflexion an benachbarten Ebenen gleich einem ganzen Vielfachen der Wellenlänge ist, sind alle reflektierten Wellen mit ihren Phasen in Übereinstimmung. Wellenberg fällt auf Wellenberg, und Tal auf Tal, und wir bekommen dann eine starke Reflexion, da sich die Wirkungen aller Ebenen addieren. Der

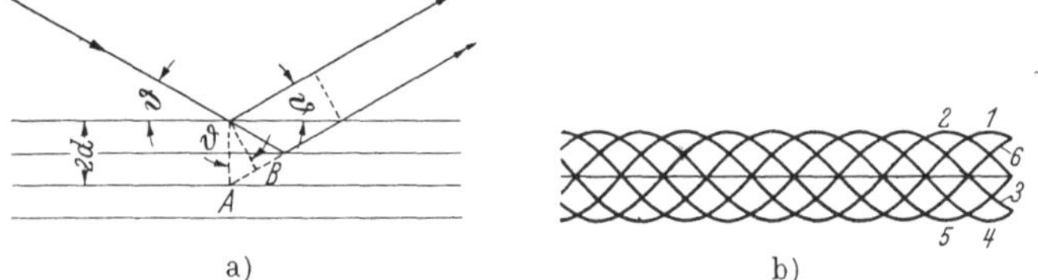

a)   b)

Abb. 126a) u. b). Zum Gangunterschied und zur Interferenz bei der Reflexion der Röntgenstrahlen an den Netzebenen eines Kristalls.

ganze Vorgang ist genau der gleiche, wie wir ihn schon bei den stehenden Lichtwellen sichtbaren Lichtes betrachtet haben. Unter einem bestimmten Winkel wird, wie man sieht, immer nur eine bestimmte Wellenlänge verstärkt reflektiert. Enthalten die auffallenden Strahlen nur eine einzige Wellenlänge, so muß man den Kristall drehen, bis er in die richtige Reflexionsrichtung kommt; ist ein kontinuierlicher Bereich von Wellenlängen im Strahl enthalten, so wird bei einer bestimmten Kristallstellung immer nur eine bestimmte Wellenlänge des Bereiches reflektiert.

Jetzt können wir auch den Versuch von Laue verstehen. Im Kristall lassen sich verschiedene Richtungen angeben, die als Gitterebenen anzusehen sind (Abb. 127). Die Abstände aufeinanderfolgender Ebenen d sind für diese verschiedenen Richtungen ebenfalls verschieden. Die Punkte des Lauediagramms entsprechen daher teils verschiedenen Wellenlängen der gleichen Ordnung, teils verschiedenen Ordnungen der gleichen Wellenlänge. Um ein vollständiges Lauediagramm zu erhalten, in dem alle möglichen Reflexionsrichtungen im Kristall zur Wirkung kommen, muß deshalb der Röntgenstrahl auch genügend viele passende Wellenlängen enthalten. Er darf also nicht monochromatisch sein. Abb. 127 zeigt schematisch, wie solch ein Lauediagramm zustande kommt.

Es sind nur zwei mögliche Netzebenenscharen mit den Abständen d_1 und d_2 eingezeichnet. Das parallele Bün-

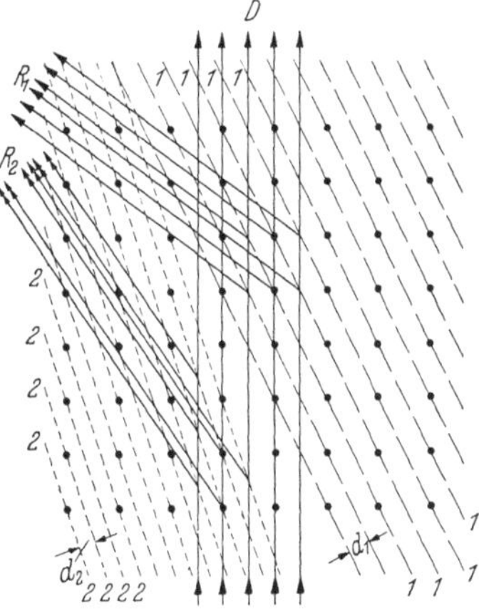

Abb. 127. Zur Entstehung eines Laue-diagramms.

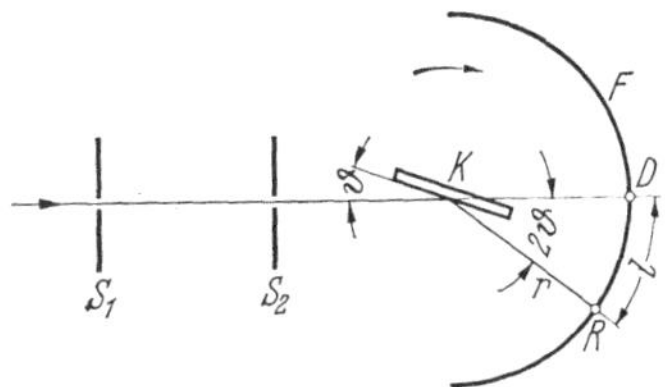

Abb. 128. Röntgenspektrometer (schematisch).

del von Röntgenstrahlen geht zum Teil gerade hindurch. Zwei passende Wellenlängen werden an den Netzebenen verstärkt reflektiert (R_1 und R_2). Die Lauediagramme sind besonders wichtig für die Erforschung der Atomanordnungen in Kristallen mit Hilfe von Röntgenstrahlen. Für Wellenlängenmessungen ist die Aufnahme von Röntgenspektren bei der Reflexion an einer einzigen Kristallebenenschar (nach B r a g g) geeigneter (Abb. 128). Die Röntgenstrahlen werden durch mehrere enge Bleispalte ausgeblendet und fallen auf den um eine vertikale Achse drehbaren Kristall. F ist ein kreisförmig angeordneter photographischer Film. Eine bestimmte Wellenlänge λ werde bei dem Winkel ϑ verstärkt reflektiert. Man erhält auf dem Film außer der direkten Spur der Strahlen D eine Linie R. Ist der Abstand der Gitterebene d im Kristall bekannt, und ergibt die Ausmessung des

Abstandes l auf dem Film den Winkel $\vartheta \left(2\vartheta = \dfrac{l}{r}\right)$, so findet man die Wellenlänge. Die den natürlichen Spaltflächen des Steinsalzes parallelen Netzebenen haben z. B. einen Abstand von 2,814 Å.

Die Röntgenstrahlen einer Röntgenröhre liefern ein kontinuierliches Spektrum, das um so mehr nach kürzeren Wellen reicht, je schneller die Kathodenstrahlen sind, die die Röntgenstrahlen erregen. Man nennt dieses Spektrum „Bremsspektrum", weil die Strahlung durch die plötzliche Abbremsung der Elektronen durch die Atome der Anode entsteht. Außerdem findet man ein aus scharfen Linien bestehendes Linienspektrum (charakteristisches Spektrum), das für die Atome, aus denen die Anode besteht, kennzeichnend ist (Abb. 129). Diese Linien erstrecken sich bis zu um so kürzeren Wellenlängen, je höher das Atomgewicht (genauer die Ordnungszahl) des Anodenmaterials ist. Die gemessenen Wellenlängen der Röntgenlinien umfassen ein Gebiet von 0,1 Å bis 200 Å. Die kürzesten Wellenlängen sind also 50 000mal so klein wie die Wellenlänge des grünen Lichtes; die längsten sind langwelliger als das kürzeste bekannte ultraviolette Licht. Diese langwelligen Röntgenstrahlen unterscheiden sich nur durch die Erzeugungsart von dem kurzwelligen Ultraviolett. Alles weitere gehört in die Atomphysik.

Nachdem die Wellennatur der Röntgenstrahlen aufgefunden und ihre Wellenlängen bekannt waren, ist es in den letzten Jahren gelungen, auch alle anderen Eigenschaften aufzufinden, die für eine so kurzwellige Lichtstrahlung kennzeichnend sind.

Totalreflexion.

Da der Brechungsexponent der Röntgenstrahlen für alle Stoffe etwas kleiner als 1 ist, muß es möglich sein, eine Totalreflexion nachzuweisen, wenn die Strahlen unter einem Winkel, der größer ist als der Grenzwinkel der totalen Reflexion, und zwar aus Luft, auf die Grenzfläche eines anderen Stoffes, etwa Glas, auftreffen. Der Grenzwinkel φ muß aber nahezu 90° sein, weil der Brechungsexponent der Röntgenstrahlen für alle Stoffe so wenig von 1 verschieden ist. Die Strahlen müssen also fast streifend auf die Grenzfläche

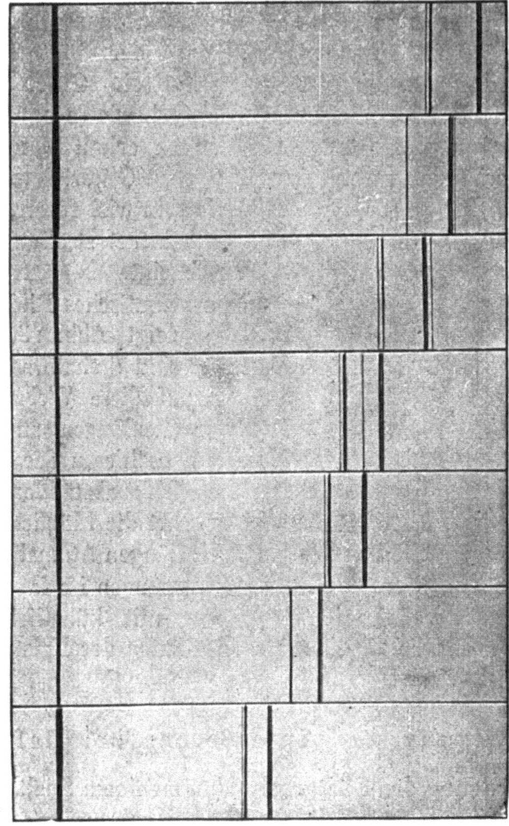

Abb. 129. Röntgenlinienspektren einiger Elemente, die im periodischen System aufeinanderfolgen, sog. K-Serie. (Oben niedrigere, unten höhere Ordnungszahl der Elemente.)

treffen. A. H. Compton (1922) gelang zuerst der Nachweis der Totalreflexion.

Daraufhin war es möglich, ein Beugungsspektrum von Röntgenstrahlen mit künstlichen Strichgittern zu erhalten. Dies mag zunächst als sehr schwierig erscheinen. Die Strichabstände des Gitters müssen ja vergleichbar sein mit der Wellenlänge des Lichtes. Sind sie zu groß, so ist die Trennung der Ordnungen vom zentralen Bild zu klein. Es ist nicht möglich, die Einteilung eines Gitters so fein zu machen, wie es für die äußerst kurzen Wellenlängen der Röntgenstrahlen notwendig wäre. Benutzt man aber ein Gitter als Reflexionsgitter bei sehr schrägem Einfall, wie es ohnehin, um Totalreflexion der Röntgenstrahlen zu erhalten, notwendig ist, so wirkt eine verhältnismäßig grobe Gitterteilung so, als wäre sie sehr viel feiner, so fein, wie sie bei fast streifendem Anblick erscheint.

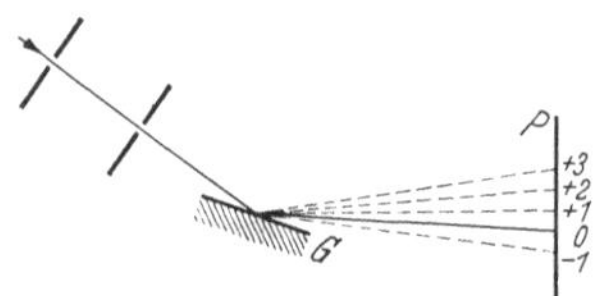

Abb. 130. Zur Totalreflexion und Beugung der Röntgenstrahlen an einem Strichgitter (schematisch).

Ein schematisches Bild der Anordnung zeigt Abb. 130. Diese Versuche sind deshalb so wichtig, weil es auf diese Weise gelingt, Röntgenwellenlängen zu messen, ohne daß es hierzu der Kenntnis von Netzebenenabständen in Kristallen bedarf. Man hat dann umgekehrt die Möglichkeit, mit Hilfe der so ermittelten Röntgenwellenlängen Atomabstände in Kristallen zu messen. Wellenlängenmessungen im langwelligen Röntgengebiet sind überhaupt nur mit künstlichen Gittern ausführbar, weil die Gitterkonstanten der Kristalle hierfür zu klein sind.

Spaltbeugung und Interferenz bei Reflexion.

Die Beugung der Röntgenstrahlen an einem Spalt ist ebenfalls erst in neuerer Zeit einwandfrei gelungen (Abb. 131). Der Versuch ist schwierig, weil der beugende Spalt außerordentlich eng sein muß. Auch der Lloydsche Spiegelversuch mit Röntgenstrahlen ist durchgeführt worden.

Brechung und Dispersion.

Die sehr schwache Brechung der Röntgenstrahlen in einem Prisma. z. B. aus Glas oder Quarz, ist erst 1924 nachgewiesen worden. Die Ablenkung erfolgt nach der Prismen-

Abb. 131. Beugung der Röntgenstrahlen an einem Spalt. (Nach Kellström.)

kante zu, also umgekehrt wie bei gewöhnlichem Licht, wie es sein muß, wenn der
Brechungsexponent kleiner als 1 ist. Um
eine genügende Ablenkung und Dispersion zu erhalten, müssen die Strahlen

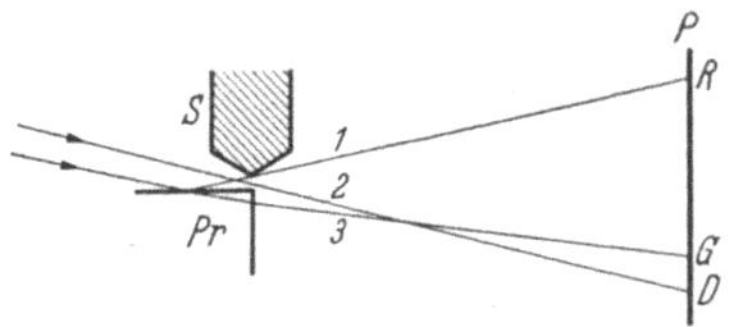

Abb. 132. Zur Brechung der Röntgenstrahlen in
einem Prisma.

nahezu streifend in das Prisma eintreten.
Abb. 132 zeigt wieder schematisch die meist
übliche Anordnung und Abb. 133 eine besonders schöne Aufnahme eines prismatischen Spektrums, die von H. Seemann
erhalten wurde. Man sieht auf der Aufnahme das kontinuierliche Spektrum und
zwei scharfe Spektrallinien.

Abb. 133. Prismati-
sches Spektrum der
Röntgenstrahlen.
(Nach Seemann.)

Polarisation der Röntgenstrahlen.

Um die Röntgenstrahlen mit Sicherheit in das Gebiet der
elektromagnetischen Strahlung einreihen zu können, muß

man auch ihre Polarisierbarkeit nachweisen. Das ist durch
B a r k l a schon im Jahre 1905 geschehen.

Wenn Röntgenstrahlen auf irgendeinen Körper auffallen,
werden sie zum Teil zerstreut, geradeso wie Licht von
einem trüben Stoff. Falls die einfallende Röntgenstrahlung
genügend kurzwellig ist, kann außerdem die charakteristische
Eigenstrahlung des Materials zur Ausstrahlung kommen.
Man nennt diese Eigenstrahlung dann wohl auch Fluores-
zenzstrahlung, weil es sich bei diesem Vorgang, ähnlich wie
bei der Fluoreszenz, stets um eine Umwandlung von kurzwelligem Röntgenlicht in langwelligeres handelt. Die Eigenstrahlung leichter Elemente, wie
Kohle, ist aber so langwellig, daß
sie schon in Luft stark absorbiert
wird, so daß nur die zerstreute Pri-
märstrahlung übrigbleibt.

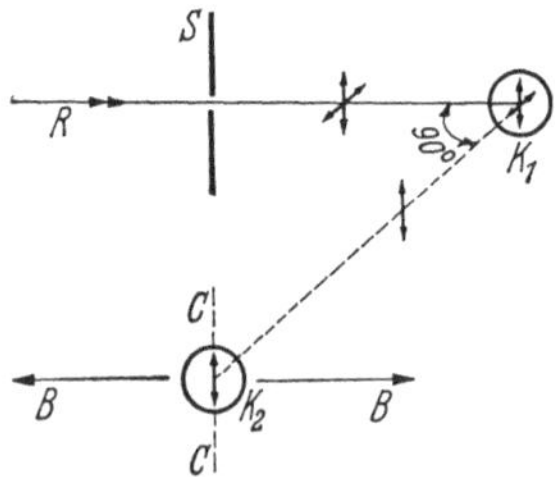

Abb. 134. B a r k l a s' Versuch
zur Polarisation der Röntgenstrahlen durch Streuung (schematisch).

B a r k l a s Versuch ist schematisch aus Abb. 134 zu ersehen. Ein
unpolarisiertes, eng ausgeblendetes
Röntgenstrahlbündel wird an einem
Kohleblock K_1 gestreut. K_2 ist ein
weiterer Kohleblock. Die Verbin-
dungslinie $K_1 - K_2$ steht senkrecht
auf RK_1. Die Zeichnung ist also perspektivisch. Wenn das
von K_1, dem Polarisator, unter 90° gestreute Röntgenlicht polarisiert ist, so wie das sichtbare Licht, wenn es
durch kleine Teilchen gestreut wird, muß der Block K_2,
der als Analysator dient, die Röntgenstrahlen am stärksten
in Richtung $K_2 B$ und gar nicht in Richtung $K_2 C$ streuen.
Dies konnte B a r k l a nachweisen. Der Versuch entspricht
nahezu vollkommen dem auf S. 87 beschriebenen Streu-
versuch mit gewöhnlichem Licht und zeigt einwandfrei, daß
auch die Röntgenwellen Querwellen sind wie jede elektromagnetische Strahlung.

An die kurzwelligen Röntgenstrahlen schließen sich die
von den radioaktiven Stoffen ausgesandten Gammastrahlen
von großer Durchdringungsfähigkeit an. Die kurzwelligste
Gammastrahlung hat eine Wellenlänge von etwa viertausend-

stel Å. Man müßte an eine Röntgenröhre eine Spannung von etwa 3 000 000 Volt anlegen, um Röntgenstrahlen dieser Wellenlänge zu erhalten. Bleiklötze von mehreren Zentimetern Dicke sind notwendig, um ihre Intensität merklich abzuschwächen.

Doch ist damit noch keine Grenze für die kleinste mögliche Wellenlänge gegeben. In der kosmischen Ultrastrahlung kommen wahrscheinlich noch viel kurzwelligere Strahlen vor. Die starken physiologischen Wirkungen der Röntgenstrahlen und viele ihrer anderen Eigenschaften lassen sich aus der Wellenvorstellung wiederum nicht ableiten.

Wir geben zum Schluß eine vollständige Zusammenstellung des elektromagnetischen Spektrums (Abb. 135). Nur der kleine schraffierte Bereich wird von unserem Auge wahrgenommen. Auch unsere anderen Sinne bemerken von allen diesen Strahlen

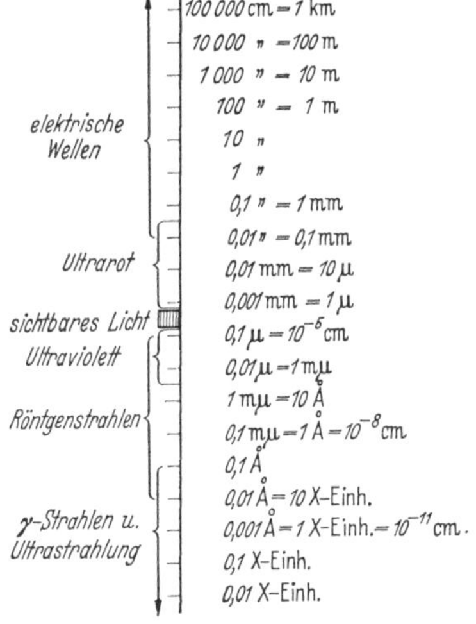

Abb. 135. Das gesamte elektromagnetische Spektrum.

nichts außer einer Wärmewirkung, wenn z. B. eine starke ultrarote Strahlung unseren Körper trifft. Die Folge einer Schädigung durch Röntgenbestrahlung oder ultraviolettes Licht bekommen wir erst nach längerer Zeit zu spüren. Langwelliges Ultrarot und kurzwelliges Ultraviolett wird in der Atmosphäre der Erde absorbiert, so daß es im Sonnenlicht fast völlig fehlt; alle die andern Arten unsichtbaren Lichtes hat man erst kennengelernt, als man sie künstlich zu erzeugen und nachzuweisen verstand. Lange elektrische Wellen entstehen aber auch in der Natur, z. B. bei Blitzübergängen. Jedermann weiß das heute von den Störungen beim Rundfunkempfang. Die kürzesten Wellen waren uns bis vor kurzem überhaupt nur bei den radio-

aktiven Vorgängen in der Natur und der immer noch so
rätselhaften Höhenstrahlung bekannt. Seit der Entdeckung
der künstlichen Radioaktivität kann man sie auch im Laboratorium erzeugen.

XV. „Die andere Seite" und Schluß.

So Vollkommenes auch die elektromagnetische Wellentheorie des Lichtes und die Vorstellung der elektrischen
Oszillatoren und Resonatoren auf einem großen Gebiet der
Lichterscheinungen leistet, bei einer ebenso großen und wichtigen Gruppe von Vorgängen versagt sie vollständig. An-
zeichen dafür haben wir schon mehrfach kennengelernt.

Am Ausgang des verflossenen Jahrhunderts traten diese
Mängel der Theorie immer deutlicher in Erscheinung. Da-
mals war die Physik mit der Klärung einer besonders schwie-
rigen Frage beschäftigt; mit der Auffindung der sogenannten
Strahlungsformel: Wie verteilt sich die Energie auf die
Wellenlängen im kontinuierlichen Spektrum einer Strahlung,
die von heißen Körpern ausgesandt wird, und wie hängt diese
Energieverteilung von der Temperatur des Körpers ab?
Einige wichtige Gesetze der Temperaturstrahlung hatten
K i r c h h o f f , B o l t z m a n n und W. W i e n aus den grundlegenden Lehren der Thermodynamik und Elektrodynamik
abgeleitet. Der Versuch hatte sie bestätigt, und sehr genaue
Strahlungsmessungen, unter anderem in der physikalisch-
technischen Reichsanstalt, hatten auch die Frage nach der
Energieverteilung experimentell im wesentlichen gelöst. Aber
die Rechnung auf Grund der klassischen Theorien und der
Vorstellung der strahlenden Oszillatoren ergab eine falsche,
mit der Erfahrung nicht übereinstimmende Strahlungsformel.

Die Erfahrung zeigt, daß bei einer bestimmten Temperatur des strahlenden Körpers ein Höchstwert der Energie für
eine bestimmte Wellenlänge im Spektrum auftritt und
daß, in Übereinstimmung mit dem Verschiebungsgesetz von
W. W i e n , mit steigender Temperatur der Anteil an kurzwelligem Licht in der Strahlung allmählich zunimmt. Bei

tieferen Temperaturen strahlt ein Körper ja wesentlich
ultrarotes Licht aus, und mit zunehmender Temperatur geht
er stetig von Rotglut zu Weißglut über. Die Theorie ergab
ein ganz anderes Verhalten. Die falsche Strahlungsformel
lieferte bei jeder Temperatur eine Energieverteilung, die
eine stetige Zunahme der Energie mit abnehmender Wellenlänge zeigte. Es fehlt dieser Verteilung das kennzeichnende
Maximum, und die Energie drängt sich ganz auf die aller-
kleinsten Wellenlängen zusammen. Diese Formel wider-
spricht nicht nur in krasser Weise der Erfahrung, sondern
ist physikalisch überhaupt widersinnig. Man hat dieses Ver-
sagen der Theorie bisweilen kurz aber eindringlich als
„Ultraviolettkatastrophe" bezeichnet.

Die Lösung des Rätsels fand Max Planck gerade um die
Wende des Jahrhunderts, und diese Lösung eröffnete der
Physik neue Wege in weite, bisher unerschlossene Bereiche
der Forschung. Planck hat damit eine der größten gei-
stigen Leistungen aller Zeiten auf dem Gebiet physikalischer
Erkenntnis vollbracht.

Am 14. Dezember 1900 legte er der Berliner Physikalischen Gesellschaft seine heute so berühmte Hypothese der
„Energiequanten" vor.

Diese Hypothese besagte in ihrer ursprünglichen Form,
daß jeder Atomoszillator einer Eigenfrequenz ν Energie nur
in ganzen Vielfachen des Energiebetrages oder „Energie-
quantums" von der Größe $h \cdot \nu$ aufnehmen oder ausstrahlen
kann. h ist hierbei das sogenannte Plancksche „Wirkungs-
quantum", eine neue universelle Konstante der Physik, deren
Größe sich aus den Strahlungsmessungen zu $6{,}55 \cdot 10^{-27}$
Erg-sec ergab[1]. Den Oszillatoren kleiner Frequenz, die also
rotes Licht aussenden, kommt demnach ein kleineres Quant
zu als solchen, die blaues Licht mit größerer Frequenz ν aussenden.

Folgende Tabelle kann nützlich sein. Man findet darin für
eine Reihe von Frequenzen im Bereich des elektromagnetischen Spektrums das „Quant" in Erg angegeben und zum

---

[1] 1 Erg ist eine Energiemenge, die ungefähr so groß ist wie die Arbeit,
die man leisten muß, um 1 Milligramm auf der Erde 1 cm hoch zu heben.

Vergleich die mittlere Wärmeenergie eines Atoms im festen
Körper bei Zimmertemperatur und bei 1000° C. Die mittlere
Energie des Atoms bei Zimmertemperatur entspricht der
eines Energiequants bei Frequenzen des ziemlich langwelligen Ultrarot, die bei 1000° dem Quant für kurzwelliges
Ultrarot. Die chemische Bindungsenergie der Sauerstoff-
und Wasserstoffatome in einem Wassermolekül, die bei der
Vereinigung der Elemente Sauerstoff und Wasserstoff bei
der Knallgasexplosion pro gebildetes Molekül frei wird, ist
etwa ebenso groß wie die eines Quants, das einer Frequenz
des violetten Lichtes entspricht.

Tabelle 7.

	λ-angenähert	ν	$h\,\nu$ Erg
Langwelliges Ultrarot .	10^{-2} cm	$3 \cdot 10^{+12}$	$2 \cdot 10^{-14}$
Mittleres Ultrarot. . .	10^{-3} cm	$3 \cdot 10^{+13}$	$2 \cdot 10^{-13}$
Rot.	$7,5 \cdot 10^{-5}$ cm	$4 \cdot 10^{+14}$	$2,6 \cdot 10^{-12}$
Violett	$4 \cdot 10^{-5}$ cm	$7,5 \cdot 10^{+14}$	$4,9 \cdot 10^{-12}$
Ultraviolett	$1 \cdot 10^{-5}$ cm	$3 \cdot 10^{+15}$	$2 \cdot 10^{-11}$
Röntgenstrahlen . . .	10^{-8} cm	$3 \cdot 10^{+18}$	$2 \cdot 10^{-8}$

Zum Vergleich:

Mittlere Energie des Atoms in einem festen Körper	Erg
a) bei Zimmertemperatur.	$1,23 \cdot 10^{-13}$
b) bei 1000°	$5,2 \cdot 10^{-13}$
Chemische Bindungsenergie eines Wassermoleküls .	$4,8 \cdot 10^{-12}$

Die Einführung dieser, den Grundlagen der älteren Physik
zuwiderlaufenden Vorstellung Plancks ergab sogleich die
mit der Erfahrung genau übereinstimmende Strahlungsformel. Die Oszillatoren hoher Frequenz bekommen bei der
Planckschen Quantenvorstellung bei tieferer Temperatur
wegen der zu kleinen Energie der Wärmebewegung kein vol-
les Quant mehr zu fassen und gehen daher leer aus. Auf
diese Weise wird die Ultraviolettkatastrophe vermieden.

Was hat es nun mit diesen Quanten für eine Bewandtnis?
Planck nahm zunächst nur an, daß die Quanten für den
Absorptions- und Emissionsvorgang des Lichtes in den Ato-
men eine Rolle spielen, daß aber das Licht außen im Raume
nach wie vor unter allen Umständen seinen altbekannten
Wellencharakter zeigt. Die Quanten wären dann lediglich

etwas Kennzeichnendes für das besondere Verhalten der Atome, aber nichts dem Wesen des Lichtes Eigentümliches.

Dagegen wird das Bild des klassischen Oszillators durch die Plancksche Hypothese der quantenhaften Emission und Absorption allerdings zerstört. Das zeigte sich später noch viel deutlicher, als Niels Bohr in Anlehnung an Rutherfords experimentelle Ergebnisse über den Atombau die Quantentheorie der Atome entwickelte. Im Bohrschen Atom sind keine Oszillatoren mehr enthalten. Sein Atom gleicht vielmehr einer Vorrichtung, die durch quantenhafte Aufnahme von Energie aus seinem energetischen Normalzustand auf ganz bestimmte, allein mögliche höhere Energiestufen „gehoben" werden kann, ähnlich wie man die Feder eines Kindergewehrs durch Zufuhr von Energie spannt, bis sie einschnappt. Beim „Abschießen" wird dann diese Energie wieder in Form einer monochromatischen Strahlung der Frequenz ν ausgesandt, und der Betrag der vom Atom abgegebenen Lichtenergie ist wieder ein Quant $h\nu$. Jedes Atom kann nur ganz bestimmte Quantenbeträge aufnehmen, gleichgültig, auf welche Weise ihm die Energie verabreicht wird, und auch nur diese Beträge als Strahlung bestimmter Frequenzen aussenden. Das hängt mit seinem Bau zusammen, und dieser kann deshalb aus den Spektren des sichtbaren Lichtes und den charakteristischen Röntgenlinien erschlossen werden.

Man versteht nun auch, warum nichtleuchtende Dämpfe oder Gase, in denen sich alle Atome im niedrigsten Energiezustand befinden, nicht alle Lichtfrequenzen, die von den Atomen des Dampfes ausgestrahlt werden können, absorbieren, sondern nur ganz bestimmte dieser Frequenzen. Das absorbierte Quant $h\nu$ muß mit einem solchen genau übereinstimmen, das bei dem Übergang des Atoms aus einem höheren Energiezustand in den *Normalzustand* ausgesandt wird. Nur dann kann ein unangeregtes Atom, das sich also im tiefsten Energiezustand befindet, das Quant aufnehmen und damit in den angeregten Zustand versetzt werden. Beim Übergang in einen tieferen Zustand strahlt es die Energie wieder aus. Alle von einem Atom ausgesandten Spektral-

linien, die nicht durch solche Energieübergänge erfolgen,
die zum energetisch tiefsten Zustand zurückführen, können
nur von bereits *angeregten* Atomen absorbiert werden. Solche
angeregten Zustände befinden sich z. B. in der Chromosphäre
der Sonne. Daher gibt es so viele Fraunhofersche Linien.

Das Bild des klassischen Oszillators war ungeeignet, diese
experimentell schon lange bekannte Tatsache zu erklären
(S. 141). Es war überhaupt nicht fähig, die aus exakten
Wellenlängenmessungen seit langem erschlossenen zahlen-
mäßigen Gesetzmäßigkeiten zu deuten, die zwischen den Frequenzen der Spektrallinien eines Elementes in den sogenann-
„Serienspektren" bestehen. Ein klassischer Oszillator kann,
genau so wie eine schwingende Saite, außer seiner Grund-
schwingung nur einfache Oberschwingungen liefern, d. h.
ganze Vielfache der Grundfrequenz. Die Frequenzen einer
zusammengehörigen Linienserie sind aber durch ganz andere
Gesetzmäßigkeiten miteinander verknüpft. Überdies gab die
Quantentheorie eine quantitative Erklärung für den Stark-
effekt, den anomalen Zeemaneffekt und andere experimentelle Erfahrungstatsachen der Spektroskopie, die der alten
Theorie die größten Schwierigkeiten bereiteten.

Es ist nicht die Aufgabe dieses Büchleins, die experimentellen Grundlagen und die Entwicklung der Quantentheorie
von ihren Anfängen bis heute zu schildern. Eine gewaltige
Arbeitsleistung auf experimentellem und theoretischem Gebiet hat seit der Entdeckung Max Plancks der Physik der
Materie und der Strahlung neue Wege gewiesen und neue
große Forschungsgebiete erschlossen. Die physikalische Forschung unseres Jahrhunderts trägt auf fast allen ihren Zweig-
gebieten den quantentheoretischen Stempel. Aber auch die
Chemie und die Astrophysik haben aus dem neuen Quell der
Erkenntnis reichen Gewinn gezogen. Alles dies ist schon oft
auch in gemeinverständlicher Form geschildert worden, in
dieser Sammlung in den zwei ausgezeichneten Bändchen
XXX und XXV von L. Hopf: Materie und Strahlung. und
von Th. Wulff: Bausteine der Körperwelt.

In einem Büchlein, das vom Lichte handelt, ist es aber
doch notwendig, aufs neue wenigstens kurz auf einige der-

164

jenigen Erfahrungen hinzuweisen, die die Physiker schließlich dazu zwangen, über P l a n c k s ursprüngliche Hypothese hinauszugehen und, in scheinbarem Widerspruch zur Wellentheorie, sich mit der Vorstellung vertraut zu machen, daß das monochromatische Licht selbst einem Hagel von Lichtkorpuskeln oder „Photonen" zu vergleichen ist, deren jedes die Energie $h\nu$ besitzt. Die Lichtaussendung des Atoms besteht nach dieser Auffassung nicht in der Emission eines kontinuierlichen Wellenzuges, sondern aus der explosionsartigen Ausstoßung einer Lichtkorpuskel.

Die erste grundlegende Erscheinung, die zu dieser Anschauung von der Natur des Lichtes zwang, war der sogenannte *lichtelektrische Effekt*. Wenn Licht geeigneter Frequenz auf eine Metallplatte auffällt, werden aus dieser Platte Elektronen frei gemacht, die außen als elektrischer Strom nachgewiesen werden können. Die Zahl der pro Sekunde bei der Bestrahlung ausgelösten Elektronen ist um so größer, je größer die Lichtintensität ist, ihre kinetische Energie hängt aber, wie zuerst P. L e n a r d zeigte, *nur* von der Frequenz des Lichtes und gar nicht von der Lichtintensität ab und ist um so größer, je kurzwelliger das Licht ist. Die quantitative Durchführung solcher Versuche führt zu der Auffassung, daß die Energie eines Lichtquants $h\nu$ zum Teil dazu verbraucht wird, die Austrittsarbeit des Elektrons aus dem Metall zu leisten, während der Rest außen als Bewegungsenergie des Elektrons in Erscheinung tritt. Es gibt deshalb für jedes Metall eine kennzeichnende kleinste Lichtfrequenz (größte Lichtwellenlänge), mit der eine lichtelektrische Wirkung gerade noch erzielt werden kann. Es ist die Frequenz, deren Quant gerade ausreichend ist, um die Austrittsarbeit zu leisten. Aus Zink kann man z. B. nur mit ultraviolettem Licht Elektronen frei machen, während die Alkalimetalle, z. B. Natrium, Kalium und Rubidium, schon bei Bestrahlung mit sichtbarem Licht den lichtelektrischen Effekt zeigen. Die sehr kurzwelligen Röntgenstrahlen machen aus allen Metallen Elektronen frei und ionisieren auch alle Gase. Die Elektronen sind, entsprechend dem großen Energiequant dieser Strahlung, sehr schnell.

Wie unmöglich es ist, den lichtelektrischen Effekt vom Standpunkt der Wellentheorie zu verstehen, soll folgende kleine Überschlagsrechnung zeigen.

Wenn eine Kugelwelle von einer Lichtquelle ausgeht, wird mit zunehmendem Abstand die durch die Einheit der Oberfläche einer Kugel hindurchgehende Energie immer kleiner und kleiner. Die gesamte Energie sichtbaren Lichtes, die eine Kerze [1] einem Quadratzentimeter im Abstand von 3 m in der Zeiteinteilung zustrahlt, ist etwa 1 Erg. Der Betrag, der unter diesen Umständen nach der Wellentheorie auf die Fläche eines Atoms, die ungefähr 10^{-15} Quadratzentimeter beträgt, in der Sekunde auffällt, ist demnach 10^{-15} Erg. Die Energie jedoch, die Licht einer Wellenlänge von 5000 Å an das Elektron des Atoms abgibt, beträgt ungefähr $4 \cdot 10^{-12}$ Erg. Das Metall Na ist etwa bis zu dieser Wellenlänge noch lichtelektrisch erregbar. In der Strahlung einer Hefnerkerze beträgt die Energie im Spektrum unterhalb 5000 Å weniger als ein Drittel der Gesamtenergie des sichtbaren Lichtes. Die Fläche eines Atoms müßte also nach der Wellentheorie $\dfrac{4 \cdot 10^{-12}}{\frac{1}{3} \cdot 10^{-15}}$ $= 12\,000$ sec oder 4 Stunden unter den angegebenen Bedingungen bestrahlt werden, bevor ein Atom so viel Energie bei einer kontinuierlichen Absorption aus der Welle aufgenommen hätte, daß sie ausreichte, um ein Elektron aus dem Metallatom zu befreien!

Die Beobachtung zeigt aber, daß Elektronen augenblicklich aus dem Metall herausfliegen, sobald die Bestrahlung beginnt, so gering die Itensität des Lichtes auch sein mag. Wenn wir uns dagegen vorstellen, daß das von der Lichtquelle ausgehende Licht aus einem Hagel von Lichtgeschossen besteht, so ist die lichtelektrische Erscheinung leichtverständlich. Es braucht ja nur ein Geschoß genügender Energie $h\nu$ ein Atom zu treffen, um sogleich ein Elektron zu befreien. Das Energiequant des roten Lichtes beträgt $h\nu = 2,5 \cdot 10^{-12}$ Erg, reicht also nicht ganz aus, um bei Na-Metall den lichtelektrischen Effekt zu erzeugen, das des vio-

---

[1] Gemeint ist die sog. Hefnerkerze, die bei Lichtmessungen als Normal benutzt wird.

letten ($5 \cdot 10^{-12}$ Erg) und erst recht das des kurzwelligen ultravioletten Lichtes ($20 \cdot 10^{-12}$ Erg) hat aber bereits eine mehr als ausreichende Energie.

Natürlich ist der lichtelektrische Effekt kein Sonderfall, bei dem das Licht seinen Quantencharakter offenbart. Man kann andere Beispiele in Mengen anführen. Das Bremsspektrum der Röntgenstrahlen bricht scharf begrenzt nach der kurzwelligen Seite ab, weil keine Röntgenstrahlung erzeugt werden kann, die ein größeres Quant $h\nu$ besitzt, als der kinetischen Energie des schnellstens auftreffenden Kathodenstrahlteilchens oder Elektrons entspricht. Diese Tatsache ermöglicht eine sehr genaue Bestimmung des Wirkungsquantums h. Bei der Fluoreszenz findet die Umwandlung eines Lichtquants in ein anderes statt. Das entstehende Lichtquant kann deshalb kein größeres Energiequant haben als das verschwindende. Dies ist die Stokessche Regel, nach der das Fluoreszenzlicht stets langwelliger ist als die erzeugende Strahlung. Die Quantennatur des Lichtes zeigt sich vor allem beim kurzwelligen Licht mit seinen großen Quanten in den bereits erwähnten ausgeprägten *spezifischen* Wirkungen, die langwelligem ultrarotem Licht oder gar den elektrischen Wellen wegen der Kleinheit der Quanten fehlen.

Zu den Quanteneffekten gehören allgemein alle Vorgänge der Lichterzeugung, der Lichtabsorption und der Energieumsetzung von Licht in andere Energie. Deshalb sind auch alle chemischen und biologischen Wirkungen des Lichtes Quantenvorgänge.

Nach der Quantenvorstellung muß bei einer photochemischen Reaktion *ein* absorbiertes Lichtquant gerade *ein* Molekül chemisch verändern. Dieses „photochemische Äquivalenzgesetz" ist in vielen Fällen experimentell bestätigt worden. Wenn es scheinbar nicht stimmt, ist es nur durch komplizierende Umstände verschleiert. Daß bei der chemischen Wirkung des Lichtes das kurzwelligere Licht, also das größere Quant $h\nu$, das wirksamere ist, ist wohlbekannt. Die Moleküle eines Indanthrenfarbstoffes sind den Quanten des sichtbaren Lichtes gegenüber widerstandsfähig, durch genügend kurzwelliges ultraviolettes Licht können sie chemisch verändert, der Farbstoff kann ausgebleicht werden. Die hautbräunende und erythembildende Wirkung ultravioletten Lichtes, die Bildung des antirachitischen Vitamins D aus Ergosterin durch Ultraviolettbestrahlung sind wichtige photochemische Vorgänge im lebenden Organismus.

Die lichtempfindliche Schicht einer photographischen Platte besteht aus kleinen Bromsilberkristställchen, die in Gelatine eingebettet sind. Die Verbindung Bromsilber entsteht, indem ein Elektron des Silberatoms zum Bromatom übergeht und die Bindung vermittelt. Wenn ein Lichtquant von einem Bromsilbermolekül absorbiert wird, kann es die Rückkehr des Elektrons zum Silberatom bewirken und damit *ein* freies Silberatom bilden. So entsteht das sehr schwache „latente" Silberbild, das erst durch Entwickeln sichtbar wird. Infolge der Temperaturbewegung sind nicht alle Silberatome gleich fest an das Bromatom gebunden. Bei einigen ist die Bindung so locker, daß sie schon von den kleinen Quanten roten Lichtes gelöst wird. Die Wahrscheinlichkeit, solche Atome zu treffen, ist aber nur gering. Langwelliges Licht wird daher nur wenig vom Bromsilber absorbiert, und man muß mehr Quanten roten als blauen Lichtes einstrahlen, um die gleiche Plattenschwärzung zu erzielen. Das ist der Grund der geringen Lichtempfindlichkeit gewöhnlicher Platten für rotes Licht. Man kann aber, wie wir schon sahen, die lichtempfindliche Schicht durch Zusatz geeigneter Farbstoffe, die langwelliges Licht absorbieren, für rotes und sogar für ultrarotes Licht „sensibilisieren". Jetzt werden die Moleküle des *Farbstoffes* durch Quantenabsorption verändert; sie dienen als Energiesammler, geben ihre Energie direkt an das Bromsilber ab und bewirken die Abspaltung von Silberatomen.

Die Sensibilisierung spielt bei dem gewaltigsten photochemischen Vorgang der Natur, der Assimilation der Kohlensäure durch die Pflanzen unter der Wirkung des Sonnenlichtes, eine entscheidende Rolle. Ohne diesen Vorgang wäre ein Leben auf der Erde nicht möglich. Denn unsere ganze Nahrung und unsere Heizstoffe entstammen letzten Endes dem Pflanzenreich. In den grünen Blättern der Pflanzen entsteht aus je einem Molekül Wasser und einem Molekül

Kohlensäure durch die Wirkung des Lichtes unter Abspaltung eines Moleküls Sauerstoff das Formaldehyd

$$H_2O + CO_2 = H \cdot CHO + O_2.$$

Da aber Wasser und Kohlensäure farblose, für sichtbares Licht vollkommen durchlässige Stoffe sind, bedarf dieser Vorgang eines „Sensibilisators". Das ist das Blattgrün oder Chlorophyll, das sichtbares Licht in verschiedenen Wellenlängengebieten absorbiert (S. 98) und dadurch chemisch verändert wird. Die absorbierte Energie wird beim chemischen Vorgang verwendet. Die Formaldehydmoleküle lagern sich dann zu den großen Molekülen der Stärke, des Zuckers, der Zellulose usw. zusammen, die den Pflanzenkörper aufbauen. Menschen und Tiere atmen den frei werdenden Sauerstoff ein und liefern wieder Kohlensäure, die die Pflanze verwenden kann, zurück.

Endlich kann kaum bezweifelt werden, daß eine chemische und damit eine quantenhafte Wirkung des Lichtes die physiologische Grundlage der Lichtwahrnehmung mit dem Auge ist. Wahrscheinlich werden lichtempfindliche Stoffe in der Netzhaut durch das Licht chemisch verändert. Im Dunkeln werden die Veränderungen wieder rückgängig gemacht. Dies wenigstens ist die einfachste Deutung physiologischer Versuche über die Anpassung des Auges an verschiedene Helligkeitsgrade. So macht uns Max Plancks Quantentheorie auch den Vorgang der Lichtwahrnehmung wenigstens grundsätzlich verständlich, den eine reine Wellentheorie des Lichtes nicht zu erklären vermag. Wir können jetzt auch begreifen, weshalb unser Auge so ganz anders eingerichtet ist als unser Ohr; das Auge reagiert auf Lichtquanten, nicht auf Wellen!

Wir haben nur in ganz kurzen Zügen zu zeigen versucht, wie man zu der Lichtquantenvorstellung gekommen ist. Natürlich haben die Physiker diese Auffassung nicht aus irgendeiner Neuerungssucht ersonnen, wie manchmal in Unkenntnis der Entwicklung der Forschung behauptet wird; sie ist ihnen vielmehr trotz größten Widerstandes durch die Macht der Tatsachen aufgezwungen worden. Ebenso verkehrt ist es aber, zu glauben, die klassische Theorie vom Wesen des Lichtes, die Wellenlehre, wäre durch die neueren Erkenntnisse als falsch erwiesen. Der Inhalt dieses Büchleins dürfte mit hinreichender Deutlichkeit zeigen, daß die Wellenlehre des Lichtes ebenfalls auf fest begründeten experimentellen Tatsachen beruht. Keines der Grundgesetze der Wellenoptik ist in der Tat durch die Quantenphysik erschüttert worden, und die Theorie der Lichtquanten ist gar nicht geeignet, optische Erscheinungen, wie die Interferenz, Beugung oder Polarisation, die eine so vollständige Erklärung in der Wellentheorie finden, in einfacher Weise zu deuten. Ohne eine genaue Kenntnis der klassischen Physik ist es überhaupt gar nicht möglich, die neuere Entwicklung zu verstehen. Auch das klassische Bild des Lichtemissionsvorganges, die Strahlung eines elektrischen Oszillators, beschreibt in vielen Fällen, z. B. bei der Lichtdispersion, das physikalische Geschehen in widerspruchsfreier Weise, und es ist nicht möglich, dieses Bild durch ein anderes zu ersetzen, das das gleiche leistet. Wenn es der heutigen Wellenmechanik gelungen ist, auf mathematisch formalem Wege, ohne von der Oszillatorenvorstellung Gebrauch zu machen, die gleiche Dispersionsformel herzuleiten, so ist das ein Beweis für die merkwürdige Tatsache, daß ein richtiges Gesetz weitgehend unabhängig von den Vorstellungen und Bildern ist, die man zu seiner Begründung heranzieht.

Bei der Erforschung der Lichtvorgänge hat sich demnach etwas sehr Merkwürdiges und Neuartiges gezeigt: Weder durch das Bild der Welle noch durch das der Korpuskel läßt sich das Wesen des Lichtes bisher vollständig erfassen. Wir sind wenigstens vorläufig genötigt, beide Bilder wahlweise zu benützen. Am einfachsten läßt sich das folgendermaßen ausdrücken: Wenn wir einen Naturvorgang wie das Licht untersuchen, so ist niemals dieser isolierte Naturvorgang an sich Gegenstand unserer Betrachtung. Wir benutzen immer irgendwelche Hilfsmittel, Linsen, Prismen, optische Gitter, Interferenzapparate oder aber photographische Platten, lichtelektrische Zellen, zum mindesten unser Auge. Die *Wechselwirkung* des Lichtes mit diesen Meßwerkzeugen

oder Beobachtungsmitteln ist es, mit der wir es stets zu tun
haben. Und hierbei zeigt es sich nun, daß das Licht je nach
dem Hilfsmittel, mit dem wir es befragen, in der Sprache
der Wellentheorie oder der der Quantentheorie Anwort gibt.
Es ist eine der größten und wichtigsten physikalischen Entdeckungen unseres Jahrhunderts, daß der gleiche Dualismus
auch für die Materie gilt. Auch die Materie offenbart einen
wellenartigen Charakter, wenn wir sie mit geeigneten Hilfsmitteln befragen. (Siehe darüber Näheres bei L. Hopf.)
Wenn weiterhin Strahlungsquanten, wie die neuere Erfahrung zeigt, in geladene Elementarpartikeln zerfallen können,
und diese wieder zu Strahlung sich vereinigen können, so
kündigt sich damit eine höhere Einheit von Materie und
Strahlung an, die wir kaum erst zu begreifen beginnen.

Ein gewisses Gefühl des Unbehagens wird bei solchen Be-
trachtungen dem Leser nicht erspart bleiben. Zum Trost sei
gesagt, daß es vielen Physikern heute noch ähnlich geht.
Zum Teil liegt das daran, daß tatsächlich unsere Kenntnisse
noch zu unzulänglich sind, um eine vollständig befriedigende
Deutung des physikalischen Geschehens zu geben; zweifel-
los aber ist der Grund dieses Unbehagens auch in einer Über-
schätzung dessen zu suchen, was menschliche Erkenntnis
überhaupt vom Wesen der Natur erfahren kann. Wir denken
wie Faust:

> „Der du die weite Welt umschweifst,
> Geschäft'ger Geist, wie nah' fühl' ich mich dir!"

Aber der Geist belehrt uns sehr eindringlich:

> „Du gleichst dem Geist, den du begreifst,
> Nicht mir!"

Wir müssen schon dankbar dafür sein, daß es uns vergönnt
ist, durch „Vernunft und Wissenschaft, des Menschen aller-
höchste Kraft", einiges von den wunderbaren Zusammen-
hängen im Naturgeschehen in Bildern, Gleichnissen, mathematisch formulierten Gesetzen zu erfassen und das Erkannte
zu nützen, damit die Menschen, wie wir alle innigst wün-
schen, allmählich vielleicht doch ein wenig einsichtiger, ge-

sünder, besser und glücklicher werden. Aber die Welt wird
durch die physikalische Erkenntnis nicht, wie ein materia-
listisch eingestelltes Zeitalter glaubte, zu einem bloßen
Rechenschema bar aller Geheimnisse, zu einer traurigen „ent-
götterten Natur". Heute mehr als je spüren wir die ewige
Wahrheit der gewaltigen und geheimnisvollen Worte des Erd-
geistes in Goethes „Faust":

> In Lebensfluten, im Tatensturm
> Wall' ich auf und ab,
> Wehe hin und her!
> Geburt und Grab,
> Ein ewiges Meer,
> Ein wechselnd Weben,
> Ein glühend Leben,
> So schaff' ich am sausenden Webstuhl der Zeit
> Und wirke der Gottheit *lebendiges* Kleid!

Namen- und Sachverzeichnis.